玩转花器

打造你的四季盆栽花园

[英]汤姆·哈里斯 著 / 冯真豪 译

长江出版传媒 湖北科学技术出版社

图书在版编目（CIP）数据

玩转花器：打造你的四季盆栽花园 /（英）汤姆·哈里斯著；冯真豪
译 . —武汉：湖北科学技术出版社，2023.10
书名原文：POTS FOR ALL SEASONS
ISBN 978-7-5706-2067-8

Ⅰ . ①玩… Ⅱ . ①汤… ②冯… Ⅲ . ①花卉－观赏园艺
Ⅳ . ① S68

中国版本图书馆 CIP 数据核字（2022）第 103515 号

Originally published in English under the title Pots for All Seasons in 2020.
Published by agreement with Pimpernel Press.
本书中文简体版由湖北科学技术出版社独家引进。

玩转花器：打造你的四季盆栽花园
WANZHUAN HUAQI DAZAO NI DE SIJI PENZAI HUAYUAN

责任编辑：周　婧
责任校对：陈横宇　　　　　　　　　　　　　　　封面设计：曾雅明

出版发行：湖北科学技术出版社
地　　址：武汉市雄楚大街 268 号（湖北出版文化城 B 座 13—14 层）
电　　话：027-87679468　　　　　　　　　　　　邮　　编：430070

印　　刷：湖北新华印务有限公司　　　　　　　　邮　　编：430035

787×1092　　　　1/16　　　　　　　　　　10.5 印张　　　　250 千字
2023 年 10 月第 1 版　　　　　　　　　　　2023 年 10 月第 1 次印刷
定　　价：68.00 元

目录

花盆能使需要不同土壤条件的植物摆放在一起，展现出地栽无法实现的美景。图示为置于龙须柳盆栽下方的喜旱的石莲花。

盆栽的乐趣

什么是盆栽？

　　第一种让我对盆栽提起兴趣的植物是一款耀眼的深红色杜鹃，名为杜鹃'大不列颠'。在一次家庭度假中，一大丛让人眼花缭乱的杜鹃给当时年仅8岁的我留下了极深的印象，让我情不自禁决定回家之后也要种上一株，但它适应不了我们家花园的碱性土壤，看样子，这是种植之路上的一小道坎。所幸，奶奶的万能园艺百科全书提供了一个好办法：把杜鹃种在花盆中，施以酸性或不含石灰的杜鹃花肥，并多用雨水浇水。容器园艺新手上路，我的第一株盆栽就此诞生。

　　在接触园艺的初期，我一直坚信直接地栽才是王道，觉得种在花盆里的植物形容枯槁，也不纯粹。不过，人手必备的杜鹃却是个极罕见的例外。

　　孩童时期，大自然的小把戏就令我着迷；不过可惜的是，大部分人在长大成人的过程中失去了这份兴趣，好在还有像我一样的人越陷越深。当母亲把小巧但充满希望的长方形花园交给我打理时，我沉浸在了充满生机的世界里，与植物、土壤和奇妙的生物互动。从第一次拿起小铲子的那一刻起，我就知道自己离不开园艺了。我的努力有所收获也好，付诸东流也罢，这个宝贵的小王国就好像一个专属于我自己的星球。参观开放花园和花展点燃了我探索生机盎然的园艺世界的热情，展柜里的花卉种类总是令人难以置信。对自然的迷恋和种植所带来的乐趣，也让我被一切色彩鲜明的事物深深吸引。与那些充满活力的杜鹃以及令人叹为观止的完美花展相遇，对我产生了深远的影响。

　　十几岁时，我看见了一个几乎无土的岩石花园，花盆又一次粉墨登场，点醒了我。在岩石表面的浅层硬土中种植是对每个种植者的考验，用锄头翻土也是治标不治本，要解决种植面积不足的问题，比起花时间开凿岩石，转移一部分植物到花盆里的做法省力得多，显然是个好办法。

左图　盆栽植物能迅速、显著地令无土区焕然一新，容器园艺真的让人无法自拔！

花盆的作用

拥有无数优点和无限潜力的容器园艺向我敞开了大门，我全身心地投入，变得痴迷。我渐渐意识到盆栽种植极富创造力，能让我们用最生动、亲密的方式呈现与栽种我们喜爱的植物，让它们在最佳的光线中自由生长，发挥最大优势。多年来，我一直在发现新植物，不断将它们进行适宜的组合，也经历了许多或激动人心或失落的时刻，不过，最重要的是，这种种植风格已经成为我主要的创意表达方式。

容器园艺并不只是拥有弹性时间的花园主人的专利，即使在最逼仄的不宜居环境中——从窗台到墙根、从屋顶到又暗又脏的小院——也能种植盆栽，这是其他园艺类型比不了的。数十年的经验告诉我，除了地栽，盆栽也能在创造力和栽培方面提供许多灵感。

下图　对于没有足够种植空间的人来说，盆栽是一个明智的选择，植物可以随你一起移动。玉簪、低矮的长阶花、百里香和薰衣草都很容易运输。

植物和合适的花盆在互补的环境中组合会带来一种愉悦感，有时这种协同关系所产生的效果令人惊叹。在我看来，容器园艺是一种特有的艺术表达形式，几乎人人可参与、人人可成功，并且能从过程和成果中收获巨大的喜悦和满足。尝到了一举成功的甜头，人们就很有可能被吸引，我见过许多之前持怀疑态度的朋友都发生了改变。

在生活中，你可以随时种一盆盆栽，只要出门买一两个花盆、一些新鲜的堆肥和几株好看的植物即可，无须花费过多。先将堆肥静置半小时左右，再将植物进行创意排布，除了享受了劳作的乐趣，你还将收获一份长达数周甚至数月的喜悦。

盆栽最大的优点在于它提供了一个灵活、自由的表现创造机会。大部分花盆都很轻便，只要有需要、有想法，就可以对它们进行移动、重排或重新分组。我常常花好几小时对花盆进行分组重排，改变它们的整体观感，这个过程令人满足。

下图　每个季节的最佳观赏植物都可以在花盆中一览无遗。早春的宠儿当然是低矮的鸢尾和水仙。

盆栽还有其他优点。已经地栽的植物，最好等它休眠了再进行移动，但种在花盆里的植物却可以随时随地、随心所欲地搬动。多亏了这种相对便携性，搬家的时候，你可以把盆栽带在身边。多数人把种在花园里的植物看成不动产，种在花盆里的则看成动产。我的一个朋友充分利用了盆栽的便携优势，把它们从英国搬到了法国，过了几年，又搬了回来。诚然，这是一个花销不小的做法，但相比花费时间、精力和金钱把植物换掉，这种做法的成本效益是极大的。最棒的是，他们光秃秃的法式庭院被迅速且熟悉地美化了一番。无论规模如何，盆栽这种方式都在你迁居别处时带来了诸多好处，有些植物很昂贵，有些植物则寄托了情感上的依恋，都是无法割舍的。

　　在本书图片的拍摄进行到一半的时候，传来了不好的消息，意料之外的建筑施工迫使我将每个还处于生长期的盆栽转移到另一个地方。这绝非易事，但在短短几天内，我完成了！盆栽使一片荒芜且毫无吸引力的由混凝土和碎石组成的院子变成了花园。这种富有创造性的挑战不仅消除了压力，还缓解了我前期因这些意外产生的不安。如果是从地栽的花园转移植物，或者花园不经意间被夷为平地，那这些植物和我应该到现在都还处于恢复期。这也说明把植物种在花盆中，就可以在任何地方创造出令人满意的、花繁叶茂的花境。

第10页左图　种在赤陶盆中的食虫植物（如瓶子草）可以在潮湿的环境中繁衍生息，并在冬季得到更多庇护。

下图　盆栽的布置规模可根据季节和规划进行调整。春季，郁金香越多，就越令人感到愉悦！

用花盆进行种植的理由

· **便利性**　即使是逼仄、没有吸引力的地方也能迅速改头换面，无须大肆投资，只要用盆栽装饰即可。可以轻松地接触到当季植物。

· **创造性**　容器园艺是一种人人可尝试、人人可成功的具有创造性的活动。尝试用植物和花盆进行组合，令人愉悦且回报颇高。

· **设计感**　花盆可以成为设计的焦点和复现元素，或用于营造特别的感觉。

· **灵活性**　可以根据季节或时间需要扩大或削减容器的规模。用正值花期的植物替换那些过了盛花期的植物也是小菜一碟。

· **治愈性**　即便时间不长，呼吸新鲜空气也是一种可靠的缓解压力的方式。盆栽能使人和植物更亲密地接触，可以更大程度地欣赏植物。

· **便携性**　种在花盆中的植物易于在花园间移动，搬家的时候也可以把它们带在身边。

· **多样性**　盆栽使我们可以种植大量植物，包括不适应花园土壤环境的以及需要防寒保护的植物。

一种创造性的疗法

　　再贫瘠的地方都可以用吸引人的植物和漂亮的花盆装扮。经过细致的挑选和恰当的养护，盆栽可以使花园里的荒芜区域焕发生机，比如露台、阴凉角落以及围篱边上的旱地，或者一些植物难以生根发芽的地方。它们可以遮蔽或隐去一些碍眼的建筑物，隔出一个游玩区，灵活地创造一幅清新的美景；还可以吸引眼球，画龙点睛，成为整体设计中的关键元素；也可以作为中心，围绕整个花园进行开发。许多花盆，包括典雅的橄榄色广口瓶以及古典的瓮，只要使用得当，就会变成悦目的焦点。无论你喜欢形式主义、极简主义，还是像我一样，钟爱奇特的折中主义，经过精心挑选的植物和花器，都能达到想要的效果。其实，你也可以只用一个花盆来实现某种特定的"外观"、情绪或主题，这就是可能性！

我曾经历过一段没有花园的时光，所幸持续的时间并不长。但一个人，即使只被剥夺了一丁点种植空间也足以证明，打理植物、与植物接触可以大大增强我们的幸福感。在这段时间，庭院里到处都是我的花盆，它们仿佛老友们再聚首，迅速将庭院打造成一个崭新的地方。

我多希望小时候的那株杜鹃还深深地留在我的脑海中，但事实并非如此，值得庆幸的是，我也不记得那不讨人喜欢的塑料花盆了。园艺行业在半个世纪的时间里已经有了长足的发展，市面上供应的盆栽植物品种以及各式各样用于种植的花盆都有了极大的扩充。开启容器园艺，当下就是最好的时机。

第 12 页上图　花盆提供了在任意大小的空间里试验的机会。

第 12 页下图　在花盆中，人们可以近距离看到像龙胆这样的小尤物的精妙之处。

右图　挑选具有线条感的植物，比如麻兰，将其置于侧光位置，可以获得绝佳的光影效果。

那株早已消失得无影无踪的杜鹃让我对植物的不同需求有了早期理解——人们可以用容器来调控植物的生长。这自然会诱使你尝试许多原本不适合花园的植物，包括所需土壤类型与你原有土壤相反的植物，我的红色杜鹃就是一个例子。即使是沙质土壤，你也可以用花盆种植需要潮湿环境的植物，反之亦然；当然，有关的变化数不胜数。种在花盆中的不耐寒的植物，从香蕉到树状的蕨类，可以为夏季的花园增色，寒冷的冬季到来时，又可以把它们相对轻松地挪到保护措施更多的地方。有的人可能觉得这太费劲了，但容器园艺的好处之一就是可以按自身情况决定种植的复杂程度。用花盆种植难免会有局限和更高的要求（比如盆栽植物比花坛植物需要更高层次的后续打理），但它所带来的创造感和充实感远比前者重要得多。

拓宽边界

我们可以将需要对比土壤条件的植物并排种在不同的花盆中，从而大大拓宽了可种植的迷人植物的范围。了解植物的特殊需要并有针对性地给予照料，喜湿的玉簪也可以搭配耐旱的薰衣草，杜鹃花也可以和偏爱白垩土的铁线莲为伍。沙漠多肉植物可以和喜湿的食虫植物共同生长，生于草甸的禾草也能很好地和沼生的薹草并肩。在花园中，这样的组合通常是不可能出现的，刻板的想法会限制创造力。但我曾尝试过将它们种在一起，其实，这是一种可行的操作，而且好处多多。种植条件受限时，我们往往需要打破束缚进行尝试，这是容器园艺的魅力所在。

除此之外，我很高兴能将许多植物种在花盆里，这样它们就没有疯长的机会。花叶长势蓬勃的藠草就是一个典型例子——它根本不会停下来；薄荷则大为不同。生长迅速的竹子以及其他长势太猛、在花园中管不住的植物，只要种在花盆中就可以只欣赏它们的优点，而不用担心它们糟糕的习性。

还可以在花盆中种植那些值得密切关注的植物，包括芳香植物或具有迷人触感的植物，你可以把它们放在座椅边、小路旁、门沿或其他位置，以便轻松地定期欣赏。当然，盛花期过后，你也可以把它们换掉。同样也可以种植一些小型植物，比如高山植物，把它们移至视线范围内就可以欣赏到小细节。每次踏出前门都能看到一大片种在赤陶盆里的芳香的百合花，也不失为一种美妙的体验。把种在大型釉面容器里的香豌豆放在窗边，推开窗就能呼吸到令人陶醉的花香，也可以拥有同样的效

第 15 页图　运用惊人的混搭风展示摆在各种各样临时底座上的槭树、郁金香、玉簪、虎耳草、报春花以及其他春季花园宠儿。

果。因为容器园艺能使我们长时间、近距离地接近珍爱的植物，人们自然会对这种最亲密的种植方式拍手叫好。

　　无论规模如何，用盆栽装点的花园都是吸引人的，可以改善生活质量，也很容易上手。盆栽种植是一种发掘空间并使其变得悦目、丰饶，解锁自身创造潜力的活动。

　　这本书不会故弄玄虚，没有百思不得其解的科学理论，也没有高门槛，从开始到成功，你只需要基本的栽培知识、一点时间、一点灵感的火花以及全程的投入。本书生动形象地给出了对植物搭配和花盆选择的建议，温和的指导以及深思熟虑的、基于经验得出的方法，请细细品读。

　　从根本上讲，你的容器花园能给你带来愉悦才是最重要的。

打造美景

植物栽培需要科学的技术，但造园是一种个人艺术的表现，我将装饰园艺看成打造美景的一种形式。容器花园相比景观设计更多的是一种静物表现或者说是拼贴画，但无论是作画还是造园，二者都适用同样的美学原则。创作者通过颜色、外观、质感、规模以及比例来打造魅力十足、动人心魄的景象。

此外，花园（至少）有三个维度的表现，它是多感官的、持续进化的，也是随着四季更迭而一直变化的。值得一提的是，容器花园在配置和规模上也极为灵活，无论造园者是否具有艺术天赋，都能够发挥创造力。你可以应用大量的习惯和规则创造一个主题展，也可以不拘泥于此，只随目之所及、行到之处进行布置。把握好以下两种做法的尺度，往往会得到比较好的结果：了解特殊布局成功的方法和原因；留出可供探索和试验的自由空间。试验有一半以上是喜悦，很多时候犯点糊涂是下次再接再厉的关键。

有了打造美景的想法后，本节会从如何有效地使用色彩来展示植物的角度简要探讨容器园艺。

第 16 页图　通过选择不同材质和纹理的花盆、调整不同花盆所处的高度，同时限制颜色的种类所构成的景象，可以让眼睛在焦点间缓缓游移而不至于眼花缭乱。某些植物的重复利用和排布构成了和谐的画面，比如拟石莲、紫色的龙面花以及黄色叶片的景天。

右图　把花盆和装饰品放至不同的视线高度会呈现一个视角不一样的画面，也使得我们能够更近距离地观赏小巧的植物。

情绪和主题

　　杂乱无章的组合盆栽（以下简称"组盆"）也会拥有完美的观感，但重新布置花盆以求悦目效果的做法更加靠谱。随着时间的推移，我自己的许多小组盆逐渐变得零乱，但每次只要花些时间进行翻整，就可以把它们重新排好。

　　对花盆、植物及小摆件进行合理搭配可以轻松改变氛围。即使是一个孤零零的刷漆花盆，种上带有地中海风情的三角梅，也可以体现它的与众不同。不过花盆起到的凸显主题的作用最明显，它们有可能会令你想起珍贵的回忆，可能反映某种特定的园艺风格，比如村舍花园或草甸花园，也可能服务于特定的配色方案，它们会迎合某个季节、某个属或某类植物。不用囿于某一特定的主题，怡情悦性来源于自己的见解，将自己的想法和在书籍、杂志、花园、花展或社交媒体中获得的灵感相融合。即使是一次海边或乡间踱步，也会为你的容器园艺生活提供大量的构思以及支持。

下图　主题明显或单纯迎合季节的组盆可以营造特定的氛围。图中的组盆体现的是暮春的欢呼。

通过对内容物做加减或替换，可以使用有限的彩色元素改变由盆栽植物构成的画面重点或整体氛围。叶片醒目的玉簪和成片的禾草种在风化的赤陶盆里会因叶片对比形成质感上的交织，成捆的蓬松禾草也可以调和叶片硬直、发皱的玉簪。如果位置稍显荫蔽，则可以用一些蕨类来增加质感；而在全日照的地方，一两株多肉植物可以提升雕塑感。在众多阴生植物组成的画面中加入一棵鸡爪槭、一株低矮的竹子和几块小型卵石，就可以营造东方风情。一大把鹅卵石、长度足够的糙皮浮木，兴许再加上一株年轻的矮棕，便是一副烈日炎炎下海边斜坡的样子了。去掉玉簪，把它们换成更为柔软的、开着雏菊状花朵的细弱多年生植物，比如木茼蒿，景象就会变得轻松欢快。如果只想种一两个品种，将赤陶盆换成对称排列的方形灰色水磨石容器或金属容器，重复种植这些植物，就会得到更加正式且具有现代感的效果。还是那句话：你可以对容器花园进行无穷无尽的调适和改造。

上图 花盆提供了展示某一类植物（如多肉植物）的灵活方法。人们可以移动单独盆栽的多肉植物，使其和新增加的植物融为一体。

下图 醒目的锐叶植物（如朱蕉和麻兰）放在鸡爪槭以及其他具有柔软羽状叶的植物中会显得更突出。尽管形成了鲜明的对比，但观叶植物的使用使整个画面更加柔和。

布景

　　背景在盆栽植物的展示中有着举足轻重的作用，正所谓"成也萧何，败也萧何"，背景应当为盆栽锦上添花，而不是喧宾夺主。通过与建筑材料的颜色、外观和质感，铺面石以及整体种植相呼应，花盆与周围环境舒适地联系在一起，确保它们发挥出最大的视觉潜力。

　　通常来说，容器是室内以及花园的桥梁，尽管有的时候它们本身就是花园。它们可能会在门边打造一个令人愉悦的欢迎盛宴，或者成为铺面区、露台和甲板的装饰。大型容器可以作为一个独立的焦点存在，给不同的空缺处注入色彩和惊喜。在设计师们的花园中，背景往往是一个计划的基础，奠定花园的格调和结构。但一般使用盆栽是为了美化一个既有的地方，使其更为怡人。

　　容器通常只在与周围环境密切相关的情况下使用。你也可以在栅栏或墙壁的另一边偷偷搭建一个与花园其他部分的风格相去甚远的画面，从而改变基调和重点。在静谧的葱郁绿洲里，在充满惊喜的具有奔放色彩的隔离区中，摆上美人蕉、五彩苏和矮牵牛的盆栽，其冲击力一定无比巨大。同样的道理，在色彩过多的花园中找一个隐蔽的角落，放上一些冷调或中性色调的绿植，也能起到缓和作用。这样的对比也不必总是隐藏起来。在一片柔和的绿洲里，鲜明的色彩一览无余；容器可以轻松做到这一点，并提供了更多的尝试机会。

　　盆栽可以填补苗床和花坛之间的空隙，也可以放得更久。你既可以用花坛中的植物掩盖花盆，也可以选一个和周围植物相辅相成的迷人花盆来打造整体效果。比方说，在坑洼不平的赤陶盆或石盆里种上叶片巨大的、具有花叶的丝兰或龙舌兰，将其置于一片轻盈的加勒比飞蓬中，形成强烈的质感以及视觉对比。

　　并非每座花园都有迷人的既存背景，有时候，石块或砖墙也会被当作定制背景。你当然可以搭建独具特色的棚架或做工精致的栅格，但不能只着眼于私密性和隐蔽性，而是要让它们和你的盆栽成为最佳搭档。一堵上过底灰的隔墙同样会有用武之地，变得极具吸引力，成为一块激动人心的空"画布"。建造一堵只用于展示盆栽的墙似乎有些极端，但如果能进行巧妙的结合，它会变成一大特色，创造出一个新环境，让你可以种植此前无法种植的植物。上过底灰的墙可以涂抹任意颜色，时不时进行重涂，然后根据不同的主题铺设植物。暗陶土色的墙面有地中海

一切从简

挤满花的盆栽在平淡的背景中更出类拔萃。花叶植物也需要一个简单的陪衬：花叶搭配花叶，会使画面变得一团糟。倒是一堵朴素的墙或围栏可以自如地突出它们。浅色的花朵理所当然需要深色的背景进行烘托，反之亦然。

风格的影子，浅蓝色的则充满摩洛哥风情，蓝绿色的则会让人有身临海滨的感觉。小棚屋往往魅力不大，但是经过精心定制，它们可以成为价值不菲的"画布"，用于收集盆栽和附庸风雅的艺术品，从而将它们与花园的其余部分联系起来。

地面的作用也不容小觑，和背景类似，有助于呈现整体外观。铺面石、砾石和防水木材是最常用的花园地板材料，既有的平面和背景将共同影响你对花盆的选择。用重新组合的花岗岩铺面石构成的清爽、现代的硬质区域，最好搭配具有现代感的金属花盆、重复使用的方形水磨石花盆以及棱角分明的植物。铺满大小不一的暖色调印度砂岩的院子通常更适合赤陶土或木材装饰。将灰色或白色的水磨石摆在一片蓝灰色的板岩碎片上会增色不少，重复用它们覆盖堆肥时更是如此。铅效应玻璃纤维水槽在红砖铺砌的暖调环境下极具吸引力。

第20页上图　把在花纹鲜明的花盆中疯长的一大团加勒比飞蓬和粉红色的木茼蒿放在朴素的背景里，使它们发挥出最大的视觉潜力。

第20页下图　要使花盆和植物超凡脱俗，你可能需要由垂直木板铺成的简单中性风背景。

右图　摆上盆栽后，生锈的园艺工具也会迎来春天。图中为在老旧的大件铁器中进行展示的香芹、芝麻菜、天竺葵和胡椒。

色彩

能有机会掌握颜色的规则是一件令人振奋的事情，尽管它常常是一个潜移默化的过程，但色彩给予人的影响是深远的。在花园中，色彩通常是主要的视觉元素，也是考虑得最多的元素。它可以发挥空间作用，影响情绪和感知：色彩的变化会让人觉得空间有大小之分、动静之别、冷暖之异，物体也会有不同的距离感。一开始，园艺吸引我的地方是可以种植任何颜色的植物，因为层出不穷的新植物的花朵，甚至叶片的色调都在不断扩大，这种喜悦从不消减。

一个不协调的甜品店配色组合会有出奇制胜的效果，但剧烈的撞色会影响整体观感。限制颜色的种类往往能更好地保证视觉成功，在有限的空间中更是如此。加入的颜色越多，结果就越索然无味。我给你的小提示是均匀分布色彩，在种植中重复相同的颜色（或色调）会得到更一致、更有冲击力的感觉。

喜爱的颜色是所有设计方案的坚实基础，尤其是单色主题。只使用同种颜色的不同色调，能确保整体和谐；同种颜色深浅色调的结合使用会营造出深度。每一种颜色都有它的潜意识作用（比如淡紫色给人恬静的感觉，而红色则更热烈）。配色方案可以有不同程度的恬静柔和或活力四射。和谐的色彩会起到积极作用，不协调的色彩使人停滞不前。

在视觉上，包括黄色和橙色在内的温暖的亮色催人奋进，它们充满活力，是聚会和烧烤区的理想之选。柔和的蜡质叶片等使人产生距离错觉，浅色调使人平静，它们同时也反射光线，对阴凉处的布置颇有帮助。你可以用叶片作缓冲，切换不同的配色方案，从而使你的盆栽在安静与活泼之间自由变换。不要局限在绿色叶片上，铜黄色、银色和蓝灰色的叶片都有助于冷暖转换、明暗交替以及明亮到柔和的过渡。绿色是最和谐的颜色，不仅与树、灌木丛和乔木等形式提供了一个万能背景，绿色的花还会在不一致的情况下统一颜色，比如淡黄绿色的烟草可以将热烈的橙色及粉色结合在一起，呈现出真正的活力。

和它们周围的环境一样，花盆的颜色也很重要。朴素的暖色调赤陶盆几乎适合任何种植方案和背景。比起充满活力的红、黄二色花盆，银色的金属花盆或灰色的水磨石花盆与色调偏冷的粉红色、蓝色、淡紫色、灰色和白色进行搭配更有说服力。具有现代感的釉面花盆有多种漆面材料可以选择，可以和环境形成对比或相匹配。

玩转园艺，放手尝试吧。

了解颜色

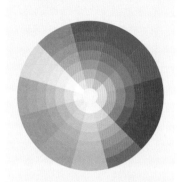

色环基本展示了颜色在光谱中的关系和彼此间的影响。因为它们含有其相邻颜色的元素，因此邻近的颜色互相交织，体现出了"和谐"。色环中"对比"的颜色都位于相对的位置，那些正对着的颜色通常称为"互补色"，它们构成的对比最强烈，比如黄色和紫色，红色和绿色。这个圆环也可以分为两部分，其中一边是冷色调（蓝色、绿色、蓝紫色等），而另一边是暖色调（红色、橙色、黄色等）。

上左图　在色环中邻近的颜色体现出了和谐性。图示为在成片粉红色的蓄属植物中崭露头角的紫色葱属植物。

上右图　限制颜色的数量可以达到耳目一新的效果，这些种在铜黄色麻兰中的奶白色铁筷子就是如此。釉面花盆也出了一份力。

下图　比起花坛，花盆能让人尝试更为大胆的色彩。郁金香'美丽'和俄勒冈糠百合是一对充满视觉冲击的春季拍档。

布局

　　花盆能让人用不同于花坛的方式来展示和欣赏植物，而它们的排列方式对视觉效果的影响最大。一个成功的布局应当让植物的花朵和叶片、花盆以及小摆件在外观、大小、占比、颜色和质感方面都能很好地相互联系，从而在一幅平衡的画面中发挥自身的最大优势。

　　除了作为单一的讨喜焦点，花盆也可以对称并排、镜像并排、重复排布、紧紧地堆成一团，或者把它们排在更为宽敞的地方，彼此相接又留出些许间隙。我的花盆布局大多用的最后一种方法。一小块透气的地方有助于实现分层展示，让植物可以更好地生长，也让后续的更换更为机动灵活。

下左图　高低间隔放置不同的花盆，不仅可以单独认出每个花盆，还能留出清晰的间隙，从而带来生动的视觉体验。

下右图　木材上的瘤节与漩涡状的混凝土菊石的配合。

右图 将合适的花盆排成一排并种上同样的植物是一种吸引注意力的简单小技巧，图中种的是崖生八宝'可口可乐'。

均衡种植

在单个花盆中布置植物的设计有很多，最简单的是只使用单个品种，但辅以数量和组合方式都不一样的互补植物，这样做通常是为了打破横纵平衡。不同的植物用得越多就越凌乱，也更难管理。我通常遵循"三个一"原则——即选一种直立的植物，一种攀缘或地被植物，以及一种能在视觉上连接二者的填充植物。不过这三个"一"的组合方式是无穷无尽的。

除非你要的是严谨正式的外观，否则一个构图良好的场景通常都会包括高度不一、大小不等且外观各异的花盆。使用棱角分明或圆柱状的花盆更容易一气呵成，用到的材料也不多。而突出花盆的不同大小会让画面更有动感，大型花盆也可以给种在它前面的小盆栽充当背景。高大的植物最好往后面放，如果想要全方位观赏，就放到中间，但最高大的花盆不用遵循这样的摆放原则。诚然，相对高大的花盆可以起到拔高低矮植物的作用，但用宽度和高度相当的花盆来种植大型植物会更加相称，按比例搭配植物和花盆是一件很重要的事情。

要想布局抓人眼球，最可靠的做法就是挑选几个风格一致但大小不同的花盆，将其他东西（如小摆设）充满艺术性地放置在它们之中。主花盆可以用来巩固排列，也可以种上基本不会更换的多年生植物，而其他花盆则可以用来种需要季节性替换的当季植物。每一个花盆都种单一的品种或重复同样的（或外观相似的）植物可以产生一体化的效果。并排布置可以确保画面生动，因此，你可以把具有小糙纹的大型花盆和光滑的花盆放在一起，把硬质的花盆和稍软的花盆放到一起，以形成对比。偶尔向后踱步，从不同的角度感受布局，移动周围的花盆，直到你满意为止，也可以随时重新排布。

质感和触感

我们可以用所有的感官来亲近种在盆中的可爱植物。我们可以采摘和品尝蔬菜、水果以及可食用的花朵，花香就在我们的鼻孔下游走。再走近些，窸窸窣窣的禾草声和咯咯作响的果荚声都听得一清二楚。在视觉上，让我们心潮澎湃的不仅只有色彩、外观和规模，还包括叶片、花朵、茎干、花园的地表以及花盆本身的无穷变化。精致的花园需要丰富的色彩，也需要同等的质感和形状，质感赋予花园深度和气氛，吸引我们用触觉与之互动。

人们希望大多数植物都是无比光滑、惹人怜爱的，试问当有人发觉叶片是纸质、革质，有毛或如同外表一样光滑的时候，有谁不好奇呢？你和植物之间轻松自在的关系有助于你充分欣赏它们的特点，并额外获得近距离观赏的回报。当你抚动或轻揉叶片的时候，许多香草的香气最为浓郁，比如百里香和橙香木。这样的"爱抚"既解压又治愈，所以我有意布置了许多一走过就能碰到的植物，包括苔藓状的虎耳草和修剪过的黄杨。在一种耐寒的多年生禾草——如丝般的成丛的细茎针茅间拨动手指是一种放松身体的体验。当我走近一株生机勃勃的旱柳'龙爪'时，我总喜欢晃动它们柔软的枝条。黄水枝柔软的花穗不仅让人想抚摸，当它们在你的掌心轻轻刷过时，你会确定这是一种名副其实的植物。

从具有柔软多毛的茎叶的银叶毛蕊花到具有糙肋的波状叶片的玉簪，再到岩白菜和山茶之类叶片光亮的常绿植物，每种植物都有着不同的质感和触感。不过你要注意，某些植物部位具有刺激性。我第一时间想到的是大戟、木曼陀罗，还有一部分报春，因为它们具有乳状的汁液。

叶片的正反两面在外观和感觉上也会有明显的不同，屋久岛杜鹃最为典型。比起我小时候种的难看的大花品种，这种株型紧凑、野性十足的常绿植物更值得种在容器里。它有着美观的厚叶片，正面摸起来像皮革，但你会发现叶片底下有一层毛茸茸的浅黄色毛，看起来和摸起来都很像天鹅绒。花朵的质感千变万化。秋海棠锦簇的繁花有着丝质的花瓣，而叶片肉质的拟石莲则有着蜡质的花瓣，其外观和触感都十分艺术。

上图　当开出圆锥花序时，莲座状的瓦松相当诱人。

下图　用具有触感的东西给花园增添质感，比如多次再生的禾草或经过河水冲刷的光滑卵石。

第 27 页左图　花园是由许多不同的质感构成的，它们不仅来自活生生的植物，也来自无生命的表面以及物品。组盆可以提供一种简单的方法来进行质感对比实验。

中图　前景和背景在外观、颜色和质感上的结合。筐里的卵石和石墙呼应，而橙红色的矾根和赤陶盆则与屋顶的色调保持一致。

右图　观赏禾草最吸引人的特点是它们动人的姿态——很少会静止。我种禾草最主要的原因也是因为它们会随风摇摆。在这方面，触感强烈的细茎针茅总是十分靠谱。

将质感相同或相似的植物分为一组会营造出宁静感，比如光滑的多肉植物和茎上有毛的蕨类；把它们混在一起则是一副非常挑战和刺激视觉的景象。极端的叶片大小和质感可以确保生动的色彩效果，例如，将八角金盘宽大、发亮、棱角分明的叶片和羽毛枫细弱的丝状叶片放到一起，前者就会愈发突出。

花园中固定的景观元素，包括墙壁和地面，也会提供多种与叶片和花朵相反或相衬的有趣表面。比方说，光滑的墙壁或铺面石会凸显糙面的容器及糙叶的植物，反之亦然。从抛光大理石或水磨石的光滑到水泥不太讨喜的颗粒感，容器本身也有很多不同的质感。风化的、有年代感的东西，比如爬满地衣的石头和赤陶，还有氧化的金属也会带来质感上的刺激。各种生动交织在一起的质感以多种诱人的方式吸引着我们。

小摆设

　　临时购买几十个小小的爬满地衣的陶罐和漂亮但是漏水的镀锌浇水壶使我相信一些小东西的使用会产生愉悦感。用各种方式把不再使用的罐子堆叠或铺开，点缀在种有禾草的赤陶盆中，它们会精巧得不像话。空容器和种有植物的容器相接、朴实的暖色调和冷酷的金属感映衬所形成的视觉对比全都交织在宁静的绿幕中，令我着迷不已。

　　除了各式各样的花盆，我还收集了许多独具特色的旧工具和奇怪的园艺用品。我在这部分的开支并不大，搜罗便宜的花园用品本身就是一项好处多多的活动，变废为宝和改换用途也是一样的道理。不管是淘到的、讨来的还是别人送的、天然的或人造的，偶得的物品也可以焕发魅力。园艺上的变废为宝常见于乡舍花园，在一处稍显冷清的角落里，覆满青苔的石头和切段原木会和盆栽的蕨类惺惺相惜。外形鲜明的显眼物件效果最好，比如老式的草坪滚轮或卵石和巨岩。不用想太多，即使是不显眼的小矮人也会有用武之地。

　　节制是关键。一些精挑细选、摆放讲究的物品比杂乱无章的东拼西凑更能引起人们的注意。对于容器而言，杂物太多会弄巧成拙，因此不要觉得你必须把收集到的东西在同一个地方一次性用完。我的小棚屋里堆满了等待出头之日的物品，而且它们绝大多数都能等来那一刻。

贴好标签

　　植物的名字，尤其是品种名，很容易会忘记，所以贴标签真的很有用。盆栽里的植物标签是一种很有吸引力的附加物，不仅美观，也不会分散注意力。用各种材料来制作你自己的标签并不难，石片、竹料或铜质材料都可以。就算它们没有实际作用，也是值得展示的。

上图　从不当处理品里救回来的生锈溜冰鞋用来平衡种在赤陶盆里的长生草三联组盆，效果喜人。

中图　植物标签也要有吸引力，这样一来就算派不上用场，收藏起来也是赏心悦目的。

下图　从化石到鹅卵石，从浮木到绳索，任何种类的装饰物都可以用来增添特色。

调高位置

你可以把你最喜爱的盆栽植物搁在案上。调高位置后的花盆赋予了我们和它们之间的特殊联系，这样有助于我们更深入地了解种在地上、容易被忽略的小型植物，同时体会到其他植物的优秀特点。在木桌上放捕兽器一开始是为了和饥肠辘辘的獾斗智斗勇。我后来特意增加了盆栽的郁金香，它们在白天变得更加耀眼，而且从座位上看过去，天空变成了前所未有的衬景。自那以后，我便一直有意调整各阶段植物和花盆的高度。我长期将一块放在灰色方形水磨石上的大块板岩作为我的矮桌，顶端为大理石的缝纫机架子上放着一系列高山植物、低矮的球根植物和多肉植物。

在大房子的花园中，气派的底座和廊柱上总是摆放着同样华丽的瓦盆，以凸显它们的气质。不过大多数的花盆并不需要那么让人过目不忘的台架，由于重量和大小的缘故，小型至中小型的花盆最适合就地展示。但是，微型花盆的位置不需要调高，把它们当中稍大的花盆调高，布局会更加有趣。无论是单独展示还是扎堆摆放，符合要求的容器有千千万万，其中包括（可以作为大容量花盆的）开口朝上的镀锌垃圾箱、旧油桶、花园椅和木制的篓子。我发现枕木上翻的部分非常适合用来展示从壁挂花盆和木制梯子里长出来的一整排耳叶报春。除了这些实际目的，这类物品也明显为画面增添了效果，提供了质感对比以及有趣的外观。

并非只有摆在独体墩座上的单个花盆或组盆才惹人喜爱，放在高度不同、风格各异的平台上的杂七杂八的花盆也能展示出兼收并蓄的多重效果。组盆里的关键花盆适合高置在老房子的砖块堆上，这也有助于排水。我有时也会把一些花盆上下颠倒，然后在上面摆放其他花盆。如果你不缺地方、跃跃欲试，那你可以把好看的木材正面朝上逐步叠高，给大型的花盆搭出"岛屿"。

左上图　架在一个老旧缝纫机架或砖柱上的大理石板是一大堆花盆及其陪衬品的优良展台。

左下图　对的底座遇上对的高度，小花盆也会有大作为。图中为摆在倒置的废弃排水格栅上的同瓣花'仙踪'。

如果你挑选的是应季植物，那么一个搭配合理的组合盆栽完全可以捕捉到季节的精髓。华丽龙胆是秋天的珍宝之一，图示为它和10月开花的美丽番红花'征服者'进行搭配。

四季艺廊

这个由盛开的郁金香、福禄考和含苞待放的薰衣草组成的容器景观透露出浓烈的暮春气息。

春

春天来啦

春季是一个转瞬即逝的季节，也是花园中振奋人心的时光。此时的主角是开花的球根植物和以黄、蓝二色为主的早春开花二年生植物。这些球根植物很适合种在盆中观赏。我几乎将所有低矮的球根都种在赤陶盆、平底盆和水槽里，暖色调的花盆和它们最为相配。

❶ 这个塞在旧垃圾桶里的花盆得到了全方位的展示。正中心的一株大戟'红翼'很快就会展露出鲜艳的黄绿色苞片。同时，丰花的金边报春也独具吸引力。水仙'瑞普凡·温克尔'开出厚重的亮金色花朵，花头低垂，随微风摇曳。

❷ 和蓝壶花（❹）的用法一样，此处选用了深蓝色的西伯利亚垂瑰花来搭配长生草。填充了粗砂、排水良好的堆肥的空心砖给这些小型植物提供了容身之处。

❸ 低矮的鸢尾花在冬春换季或一下子入春的时候开花，是必不可少的。当它们和迷你的水仙花一同绽放时，你就知道春天来了。将图中深蓝色的网脉鸢尾'和谐'、多株花量巨大的水仙'面对面'以及茎干呈螺旋状的欧榛'红壮'放在合适的背景中，它们就会绽放出动人的光彩。加入网脉鸢尾'凯瑟琳·霍奇金'、紫堇色的鸢尾'波利娜'和灰蓝色的网脉鸢尾'克莱雷特'会让画面更完整。

❹ 图中这种简单但引人注目的效果是通过蓝壶花'瓦莱丽'和耐寒的多肉植物长生草实现的。秋季把它们种下，到了春季，蓝壶花就会钻破凹凸不平的长生草的表面，呈现出外观和质感对比鲜明的视觉效果。待蓝壶花枯萎后摘掉它们老死的茎干、拨开叶片，就会得到一个微型莲座状景观。

❺ 我每年都会把讨喜的植物通通种到最喜欢的一个水槽里。希腊银莲花一连串的雏菊状花朵和水仙'瑞普凡·温克尔'厚重的星状花朵相辅相成。薹草的古铜色叶片勾勒出了羽毛状的背景。

铁筷子和矾根

　　在我的冬春可靠植物清单上名列前茅的是铁筷子和矾根，二者均为无比优秀的搭档。矾根可以和很多植物共襄美景，所以我经常用到它们。不同品种的名字也常常是多姿多彩的，'镀银'（银白色的叶片带有黑色脉纹）、'姜汁蜜桃'（铜橙色）、'柠檬褶边'、'梅子布丁'和'黑曜石'都是值得搜集的品种。它们在春、夏两季会长出挂着浅粉红色、奶油色或白色花朵（取决于品种）的花枝。

❶❷❸ 我种在花盆里的铁筷子是罗德尼戴维斑纹杂交群的品种，包括 ❶ 的'多萝西之晨'，❷ 的'格伦达之光'以及 ❸ 的'月舞'。它们花叶俱佳，和矾根放在一起可以承包花园一整年的焦点。花色翠绿的异味铁筷子也值得考虑，这是一种强健的有着美丽裂叶的常绿植物。要想盆栽铁筷子呈现最佳效果，可以在暮春到夏季每隔几周就施一次钾肥。尽量将开花的铁筷子置于半阴处观赏。

❹ 尽管已经过了最佳观赏期，但在柔和阳光的照射下，铁筷子的碟状花朵仍旧拥有微妙的吸引力和十足的魔力。

❺ 为了增加 4 月初的色彩，秋季可以直接在盆里种一些球根植物，或者略施小计，在直径 9 厘米的盆中或者花园中央塞几株郁金香。

❻ 到了 3 月中旬，开了 2 个月的罗德尼戴维斑纹杂交群的铁筷子三联组盆开始凋零，但依旧动人。我把它们和紫色或银色褶叶的矾根'黑莓酱'种了一个老式的弹药匣里，放在一个老旧的镀锌水箱上，第 35 页提到的种在砖块里的长生草也在其中。株型紧凑的常绿灌木日本茵芋'白矮人'翠绿的冬蕾开得如同满天繁星，背景里还有春季盛开的白花植物和开得最早的郁金香。如果花太多，那么布满地衣的赤陶盆、生锈金属、卵石、陶瓦和风化的木材基座带来的一连串有趣质感就会被压低。

百搭的郁金香

仲春和暮春是观赏郁金香的最佳时间。如果你像大多数人一样在寻找色彩缤纷的植物，那就大胆地种郁金香吧！它们是充满魔力和生命力的植物之一，肯定会让你眉开眼笑。郁金香的确有许多令人着迷的品种，所以我在接下来的几页中专门介绍必不可少的郁金香，并附上一些建议。郁金香备受推崇的一个优点是就算不搭配别的植物也有着极为出色的效果。它们似乎是专为盆栽而生的，搭配在几乎任何风格的花盆中都是其乐融融的。

❶ 华丽的'热情鹦鹉'是一种晚开花的郁金香。它在图中和西伯利亚鸢尾'热带之夜'组盆，效果相当惊人。纯蓝色的郁金香并不存在，但这种喜湿的鸢尾恰好填补了空缺。它的花期过去以后，美丽的花箭还可以留存很久，和即将开出一串紫色漏斗状花朵的金边狭叶玉簪镶金边的显眼叶片形成了外观上的对比。中央种的是水仙'小百灵鸟'，一款开花迟、花期长、花量大的宝藏植物。

❷ 百合花型的郁金香'绿星'挺立在蓝色的雏菊型的瓜叶菊'塞内提蓝'中，形成了清新的焦点。初夏，董菜悦目的蓝色花朵围成一圈，和瓜叶菊一同绽放。

❸ 图示的耐寒多年生植物和球根植物构成了一幅比郁金香更有生命力的画面。叶片蓝绿色的玉簪'翠鸟'铺满了宽敞的花盆边缘，开灰绿色花朵的垂长青和美丽郁金香从中穿出。绿斑型郁金香的柠檬酸绿色的花朵和郁金香'蓝色妖姬'形成了强烈的对比。郁金香凋落后，大糠百合纤细的茎干直插云霄，一下子开出星形的花朵。你也可以只种开小白花的峨参'紫叶'，它羽状的深棕色叶片很快就会填满郁金香的位置。

❹ 这个大胆的组合包括了许多春季开花的球根植物，比如花有浓香的风信子'哈勒姆城'、花朵呈碟状的欧洲银莲花和谐系列品种以及低矮的郁金香'橱窗'。耐寒常绿的大岛薹草'永辉'既填充了空缺，又使边缘不显得那么突兀。

其他郁金香

　　许多郁金香会持续开花1个月，随着开花的时间的推移，它们的花色常常会变深。从生机勃勃的花芽显露出淡淡的色彩开始到最终花瓣掉落，它们都会使你感到愉悦。郁金香有无数种组合的可能性，但往往最简单的才是最好的，因此我不打算在一个花盆中种太多品种。这些组盆中的每一个花盆里的植物品种都不超过3种，等到郁金香开花时，它们也仍旧会显得体面动人。

❶ 在我的榜单上独占鳌头的是郁金香'杏黄鹦鹉'，一种野性十足、独具特点、花期超长的郁金香。它是我装饰"荒岛"的选择，这个灵感直接取材于一位年迈大师的画作。它的花瓣有着波浪状的褶皱，花色丰富，每个阶段都能让人赞不绝口。

❷ 图中种在椭圆形锡质花盆里的艳丽植物流淌着春天的魅力。它以一些绝佳的品种为特色，包括从一大片杏橙色叶片的矾根'蜜桃虹彩'中往外蹦的郁金香'杏黄鹦鹉'。铁仔大戟展开疏散的茎干，上面覆以蓝绿色的肉质叶片，顶端是成簇的柠檬酸绿色苞片。

❸ 无论什么时候都很百搭的矾根‘橘子果酱’，在这里再次作为郁金香‘天使’（商品名为郁金香‘布吕纳·温佩尔’）的基本衬花，这种郁金香闪亮的古铜色花朵带点粉红色，古色古香。开浅橙红色花的路边青‘热情之火’从中猛然长出，成为高矮过渡的桥梁。一株盆栽鹅耳枥的鲜绿色叶片提供了鲜活的背景。

❹ 看似具有热带风情的麻兰出奇地耐寒。用花盆来种的话，可以选择紧凑的品种，比如‘粉红豹子’。百合花型的郁金香‘玛丽莲’展开具有粉红色条纹的花瓣，可与前者呼应。匍匐的花叶常春藤可减少花盆边缘的突兀感。另一种新西兰植物松红梅‘马提尼酒’则带来了粉红色的小花。

❺ 郁金香‘韦伯鹦鹉’和银叶的大叶蓝珠草‘冰霜杰克’是一对水乳交融的绝佳搭档。清掉花期已过的郁金香，再对蓝珠草进行修剪，你就会得到一大盆清新的完美叶片。

郁金香景观

我每一年都尽可能地多种郁金香。在每个花盆中种植大量的单一品种，这样就不用担心在同一个花盆里有的郁金香花期已过，有的还没开花。郁金香适合大规模展示，你可以通过分组或者把它们置于筐篓里、花盆中、桌子上来营造摄人心魄的景象。把它们穿插在高山植物、鸡爪槭和春季开花的多年生植物等其他应季植物中，就可以在最狭窄的空间打造最诱人的风景。

要确保盆栽的郁金香在即将开花的数周时间里不会缺水。如果水量不够，会极大地阻碍郁金香的生长。

❶ 最让我放心的郁金香三联组盆——红色和奶油色相间的郁金香'完美无瑕'、酒红色和黄褐色相间的郁金香'格沃塔'以及紫红色的郁金香'愉悦'——和其他的春季宠儿联展。从木长椅上的箱形容器中往外长的针叶福禄考'条纹糖纸'、针叶福禄考'蓝翡翠毯'、虎耳草'小飞侠'和芳香的薰衣草'帝王的显赫'与'三重冕'相唱和。

❷ 清晨的阳光一照射，这幅画面便充满活力。重复种植相同或调性相似的品种带来了一致感，高度不同的花盆则构成了韵律感和平衡感。在郁金香的大杂烩中，大量的叶片提供了平静感。

❸ 呈现的这个简单的画面非常吸引人，不仅是郁金香本身光彩照人，阳光也充满了魔力，照得它们仿佛就要翩翩起舞。只用几盆独特的郁金香和许多叶片的背景相衬，就可以让人振奋精神。（图中种的是郁金香'完美无瑕'、'加勒比鹦鹉'和'埃斯特拉'。）

在阴生处

许多喜阴植物在春季的时候开得最好，你可以从中挑选一些优秀的品种。尽管蕨类和玉簪高居榜首，但美丽的林生植物还有很多。如果你没有完美的条件，那么比起开放式的花园，把它们种在花盆中更容易繁衍生息。如果你好好搭配叶片和花朵，它们会在整个春季为你带来喜悦。

❶ 穆坪紫堇'紫叶'有着仿佛浮在深色叶片上方的娇弱的亮蓝色花朵。

❷ 喜湿的（晚花类）玉簪'翠鸟'、大叶蓝珠草'镜子'、筋骨草和蕨类用蓝色照亮了荫蔽的角落。它们会在你将其分开之前共同生长数个季节。把每棵植物单独分开，再把最健壮的部分种回同一个盆里，施以新鲜的堆肥。

❸ 蕨类是阴生盆栽植物的最佳选择，无论是搭配其他的多年生植物和球根植物，还是一年生植物和柔弱的多年生植物，它们都可以营造出欣欣向荣的感觉。

❹ 将柔弱的植物和大而显眼的植物混植是视觉刺激的保证。我在初春时购买了斑龙芋的块茎，它粗壮的、具有斑点的茎干上长着色泽鲜艳的叶片，组成伞状的叶冠，随后开出美丽的花朵，但气味不太好闻。点缀在它们当中的是蹄盖蕨'弗里泽尔'——一种叶片下弯的小巧蕨类，还有穆坪紫堇'紫叶'和花期很长的地被植物常春藤叶堇菜。

❺ 荷包牡丹'红桃国王'是一种耐寒的多年生植物。它枝条展开，形成迷人的蓝绿色叶丛，小挂盒状的粉红色花朵可以开很长时间。你可以把它作为种植方案 ❷ 和 ❹ 的替代或补充植物。

❻ 蹄盖蕨'弗里泽尔'、穆坪紫堇'紫叶'和常春藤叶堇菜簇拥在斑龙芋的指状叶片底下，突出展示了斑龙芋吸引人的茎干。

星形的花

花朵有各种各样的独特形状，有碟形的、杯状的，也有漏斗形的和铃铛形的。有一些向你正面展示了小细节，而有些则需要你把它们的位置调高，深入窥探。多数的星形花朵都是正对着你的，而且很多都在春季开花。本节只对在花盆里大放异彩的品种略做介绍。

❶ 这个木箱在本书中会出现好几次。它既大到可以容纳一个密集的展陈，同时又小到在一年之内重新种植好几次也不费钱。图中的主打植物为垂长青，动人的混色角堇'终极闪蝶'和铜叶白车轴草形成花毯，水仙'宝贝之月'则延续了这一精致的主题。

❷ 在4月底至5月开花，夏末再次开花的铁线莲'珠宝'是一种专为组盆而培育的品种。此处搭配的是雏菊型的瓜叶菊'塞内提蓝'，以达到强烈的色彩碰撞。陪衬花盆里种的是钢青色的蓝羊茅'亮蓝'。

❸ 玉带草'菲西'是一种很好看的禾草，但它长势过旺，在花园中不能放任不管。不过，把它妥当地种在装饰性的花盆里，能提供很多景致。如图所示，它那具有花纹的叶片衬托了纸花韭和棱叶韭两种观赏用的葱属植物，两者都具有由许多星形花朵构成的圆头状花序。到了夏季可以将禾草的叶片修剪至基部以获得大量的新鲜叶片，但是葱属植物的头状花序要保留，以凸显结构。

❹ 充满异域风情的地中海蓝瑰花是一种容易种植的春季开花的球根植物。它结实的茎干上长着由许多小星形的深蓝色花朵构成的头状花序。这无疑是一种适合独栽的植物，不需要任何的陪衬。如图所示，我在一个塑料盆里种了3枚球根，然后把它们放进一个填满小卵石但中间特意空出来放花盆的铁丝篮。

花期持久的多年生植物

很多多年生植物都不值得种在花盆里，它们要么花期短，要么长得太高，要么具有入侵性，要么难看。但还有一些种类是很适合种在花盆中的，它们具有很长的花期或吸引人的叶片（或二者兼具）。

❶❷❸ 4月，图中的多年生植物四联组盆刚种下并开始生长，到了5月中旬便迎来了盛花期，而且到了6月末，势头依旧不减。开蓝色花的北极花葱'风度翩翩'和开粉红色花的荷包牡丹'红桃国王'会在夏季来临时作别，但下一年就会回归。空出来的间隙很快就会被老鹳草'天蓝快感'和银莲花'野天鹅'填满，这两种植物的花能一直开到秋季。

❹ 墙壁背景与叶片色调相呼应的质感是这组多年生植物成功的关键。种在中央位置的黄水枝'粉红火箭'会长出挂着粉红色花蕾的短花穗，并开出白色的花。种植匍匐筋骨草'酒红光泽'主要是为了欣赏它带花斑的叶片，但它生有蓝色花朵的花穗也会传递出春天的气息。花盆的周边则填充了2株有紫红色叶片的对立老鹳草'紫色热情'。在初夏要勤加修剪，这样才会收获大批崭新的叶片和花朵。

纯粹和简单

无论是构思巧妙的色调对比，还是游刃有余地
糅合和谐的粉彩，或者可能只使用一种最喜爱的颜
色，再三斟酌过的色彩主题肯定会表现出冲击力。
最简单的做法最保险——清一色的白和银总是无比
动人。无独有偶，坚持选用色谱上的冷色调或暖色
调也通常是配色成功的保证。

❶ 把假匹菊'卡萨布兰卡'种在与之相适的石槽中，其镶
银边的叶片形成了致密的叶丛，灰色的茎干生出一长串白
色的雏菊状花朵。这种出色的常绿植物常常在季节一开始
就开花。另一边，❷ 中的海石竹'白花'抽出强健而纤细
的茎干，上面长着纯白色的针包状花序——在它们凋谢时
将其剪断才能不断开花。❸ 里灌木状的山地无心菜趴在边
上，开着零星的亮白色碟形小花。两侧种着 ❹ 中芳香的、
具灰色和绿色锦边的百里香'银斑'。

⑤ 和 ⑥ 的木箱里种满了野罂粟 *。我也想过种别的植物，不过单色调的效果是见仁见智的。纸质的橙黄色野罂粟在太阳底下闪耀着暖心的光辉，把它们的位置调高，在蓝天下勾勒出来的轮廓也同样叫人心生喜悦。如果把它们种在花坛里，这些事情可就做不到了。定期从基部剪掉已经凋谢了的花枝，还可以多开几周。

* 本书收录的罂粟皆为无毒的观赏性花卉，并非鸦片罂粟。我国对鸦片罂粟的种植有严格的法律规定，除药用科研外，其他单位和个人一律禁植。

在纯观赏植物中展示果树、
具有美味叶片或花朵可食用
的植物，以庆祝欣欣向荣的
夏季。

夏

夏季的球根植物

虽然不像春季的同类那么强健有力，但是还有很多不错的夏季开花的球根和块茎植物适合种在花盆里。它们大多数都具有鲜艳多彩的花朵，唐菖蒲、凤梨百合、大丽花、马蹄莲和秋海棠都是当中的可靠分子。一些种得较少的植物，比如晚香玉和虎皮花，也会短暂地为夏季添色。

❶ 我常常种唐菖蒲，让它们从禾草和多年生植物中破土而出。毋庸置疑，它们的寿命很短，但是却熠熠生辉，色彩怡人。低矮的开着蝶形花的唐菖蒲有着良好的盆栽表现，每一球常常会生出两三支花剑。你可以用一些更为秀气的禾草来调和它们的妖艳，包括柳枝稷'重金属'。唐菖蒲也别种得太多，开过花以后，要把茎干砍掉。虽然它们通常在下一年还会开花，但要保证高质量的效果，最好每年都买新种球。图中柳枝稷狭窄的叶片和轻盈的圆锥花序与 ❷ 中低矮的唐菖蒲'盐湖'硕大的花朵形成了显著的对比。种成环状的凤梨百合增添了热带气息，但它其实是一种

耐寒的植物。这些球根植物每一年都会开出更大、更多的花。它们的叶片都很吸引人，整个组合即使在花期过后也依旧使人感到愉悦。

❸❹ 在我的眼中，许多出于盆栽目的而育成的更矮的百合品种都显得很丑，不种也罢，它们当中的例外是百合'甜蜜陷阱'。它的最佳高度是80~100厘米，亭亭玉立，不需要任何支撑物。兴安风铃草、细茎针茅、庭菖蒲'双盾'和发状薹草'白卷发'的自然褶饰巩固了它们的视觉效果，这些植物在百合凋谢后仍能长时间地保持吸引力。

❺ 只要百合在生长时养分充足或在任何时候都不积水，就可以在足够大的花盆中繁衍数年。大多数百合都会突飞猛长，最好每隔3年左右就进行分株。别拘泥于低矮品种，如图所示，从（晚花类的）玉簪'翠鸟'的蓝色叶丛基部长出的欧洲百合（系）'克劳德施莱德'高挑而秀气。

身临海滨

只要搭配得当，为数不多的盆栽植物和小摆设也能够营造出令人浮想联翩的氛围，唤起独特的感觉。深藏不露也好，一目了然也罢，合你心意即可，这正是乐趣所在。海滨主题并不难实现，从别出心裁的海滩寻宝到搜罗诸如浮木、化石或风化的绳索，你可以收集你认为可能派得上用场的任何东西。不用只种适合生于海边的植物（除非你住在海边！）——只要看起来和海搭边的都可以。从生的禾草、呈小丘状的多年生植物、具有建筑感的植物（比如棕榈）和那些叶片蓝绿色、花呈泡沫状的植物都是很适合的。

❶ 这个受到海岸启发的盆栽景观主要由重复的成丛叶片构成，常绿植物、禾草以及有限的海洋装饰品能提供一整年的吸引力。山桃草柔软的叶片上方有白色的花朵在摇曳，而松树、百子莲以及蓝羊茅则群生于铺满了鹅卵石的地面。星星点点的盆栽则会让人想起彼此之间留出间隙、独自生长的真正的海滨植物。

❷ 盛夏开花的百子莲上方映着湛蓝的天空（图中种的是百子莲'浅紫薄雾'），使我们想起温暖的气候和海景。它们在花盆里自在地生长，尽情享受排水自如的堆肥。给予约束并且在生长期施以富含钾的肥料，它们的花才会开得最好。落叶植物比常绿植物更耐寒。

❸ 细弱的多年生植物腋花同瓣草是一种可靠的盆栽植物，最好把它当成一年生植物来种。它如同铁丝般的茎干在整个夏季都能长出大量银蓝色的海星形花朵。你也可以买到白花型和粉红花型的同瓣花。

❹ 在这个诱人的石槽中，喜阳植物流淌出一股活力。铁仔大戟如同悬臂一样水平伸展，托以成簇的柠檬绿色苞片。白色的通奶草'钻石冰霜'如同细碎的激浪一般横于上方，而牛至'肯特美人'粉红色的贝壳状苞片则与蔓生的圆扇八宝的叶片交相辉映。景天'柠檬球'惹眼的叶片使得柔和的配色焕然一新。

❺ 长着灰蓝色肉质叶片的八宝'雷雨云'伏在一个填充了卵石的铁丝篮上。

❻ 能让我心潮澎湃的倒挂金钟屈指可数，但我一定要种'银衬'这个品种。种在海边怡情悦性，种在花盆里不同凡响，它的叶片银光闪闪，小花红艳动人，结紫黑色的浆果，还有铺地的习性——你还能对一种小植物有什么要求？

热带意趣

夏季一到，苋和蓖麻等很多具有热带风情的一年生植物都可以选择，看起来奇趣满满又不难种植，就算不选择大型的棕榈，也可以达到郁郁葱葱的效果。尽管它们的盆栽效果不俗，也足够耐寒，可以在室外越冬，但在极寒地区和最严酷的自然条件下也需要盖上透明的塑料薄膜，包括棕榈、矮棕、丝葵、智利椰子和朱蕉。就我的经验而言，加那利海枣不宜种植，它的冠幅太宽、长势太快、叶片太尖。是否打造一个永久性的热带区取决于你对它们的喜爱程度，我就不太感冒。要获得令人惊艳的效果，其他叶片显眼、高生长率和花色艳丽的植物都是可取的。如果你喜欢的话，可以加入对比鲜明的较软植材来调和展陈，比如禾草和叶片微小的植物。

❶ 迷人的凤梨百合出人意料地耐寒，且易于栽培。冬季要把盆栽移进棚屋或库房里，以保持鳞茎干燥。

❷ 香蕉'矮卡文迪什'是一种株型紧凑、适合盆栽的观赏香蕉品种。

❸ 美人蕉'红线'在数周内从休眠的块茎中长出成列具有显眼条纹的叶片，放在任何组合中都会大放异彩。

❹ 图中这个引人注目的四联组盆着眼于大叶片以及强烈的饱和色调。它和许多以"热带意趣"为主题的植物一样，有着颇为可观的呈现，需要深度和宽度均大于60厘米的花盆。具地下茎的美人蕉'红线'拔地而起，长到超过1.5米的高度。高度较为合适的五彩苏'日落大道'（现归鞘蕊花属）可以作为映衬，紧贴在花色浓艳的大丽花'巧克力气氛'前面。双色凤梨百合则辅以条形的叶片和成束生于健壮茎干上的花朵。

5 并非每个植物花盆都得规规矩矩的。这盆在半受控状态下迅速生长的新奇植物带有些许植物学的乐趣。香蕉'矮卡文迪什'位居中心，像一尊缓慢伸展的活雕像。低矮的唐菖蒲'婴儿车'以短暂的花期打破了沉闷。它浅黄色的"眼睛"映衬了番薯棱角分明的叶片，与开粉红色花的灌木细叶萼距花形成了对比。花期过后便可把耗尽养分的唐菖蒲剪除，留下香蕉作主心骨。

美味又美观的植物

能够种植新鲜、美味的有机食物，让很多人都考虑投身园艺。自家种植的植物摇身变成盘中餐是一件令人快乐的事。毫不夸张地说，你可以在家门口的花盆中轻松种植各种各样的农产品。正是因为植物味美可食、赏心悦目，我才会把大量夏季用的花盆都拿来种丰产的植物。

❶ 这个木抽屉是从一个倒闭的废品站低价收购的，它高声地说："用我来种植吧！"这种大小的花盆很适合用来种速生而紧凑的作物，比如生菜、芝麻菜、芥菜以及其他富有营养、割完又长的嫩叶菜。它表面积大，又不会太深。用聚乙烯做衬且在底部钻大量的排水孔，以便延长木材的寿命。填充高质量的无土堆肥后就可以直接播撒种子了。在春、夏两季，萌芽只需要几天的时间。作物枯萎后把它们倒掉，重复该过程即可。

❷ 换汤不换药的抽屉。旱金莲优点多多，而且它们是最好种的植物，在填埋了浅层堆肥的花盆中更是如此。你可以

选择腌渍种荚、沙拉拌花、生嚼带有泥土和芥末气味的叶片；它们的可食用部分也可以就着辣椒、辣酱来吃。蜂类最喜欢它们。将花瓣可食的一年生植物金盏花简单地并排种植，即使不见天日，它们也会像灯塔一样散发光芒。

❸ 种在花盆里的灌木状的、蔓生的或垂吊的番茄也能够结出累累硕果。番茄'黄吊垂汤姆'会提供大量极富观赏性的黄色樱桃状果实。

❹ 图中的植物并非都能吃，但是为了丰富视觉效果，可以把可食用的植物和纯观赏的植物混植在一起。图中群植的植物可以开一整个夏季的花，不会中途退场。这当中只有向日葵'小狮子'是例外的，要想欣赏它们的花，每隔一段时间就要进行播种。健康的植物状态饱满、活力十足，有着鲜明且柔和的色彩平衡，但黄渍斑斑的叶片和东倒西歪的株型总是拉低颜值。多变的外观和质感加上高耸的关键植物，比如瀑布状的番茄'红吊垂汤姆'和紫色的茄'罗莎娜宝贝'，确保花盆可见，有助于构建生动活泼的画面。这个从可回收品里捞回来的橄榄油罐已跟随我好几年，我会优先选择用它来种植胡椒、番茄和茄子。

❺ 锡罐在培植幼苗方面颇有用处，但在填充堆肥和播种之前，要在底部钻大量的孔。罗勒是一种很有用的香草，我很享受一年中花很多时间来种植它们。它们的播种难度不大，但不适合混栽，因为它们不喜欢太潮湿和太拥挤的环境。将其种在较大的锡质花盆里就会活出自我，也不需要移栽。

❻ 豌豆的花非常漂亮。但注意不要和香豌豆搞混，后者是有毒的。

❼ 除了美味的果实，西葫芦还可以给人以视觉享受。它们的叶片有着大理石般的花纹，硕大的花朵金光可鉴，其需水量大的根部还可以点缀旱金莲。只要不缺水，西葫芦就能在大型花盆里茁壮生长。选择黄色果实的品种可以使其观赏性更上一层楼。它们的花可以煎炒、做成馅料或加到沙拉里食用。

❽ 植物们长得正盛，这个曾经用来运载铺面石板的大木箱不难想象是需要平板卡车才拉得动的东西，也很适合用作花盆，高底苗床也不碍事。你可以花低价，甚至不花钱就能弄到类似的箱子。用聚乙烯或池塘衬垫做衬，再填充花园泥土和堆肥的混合物，它们就会呈现出一幅令人惊叹、激动人心的大型植物展。这些容器的质朴外观和巨大的容量尤其适合种植生长迅速的可食用植物，图中种的是黄色的西葫芦、低矮的荷包豆、旱金莲以及豌豆。

❾ 仲春的时候，这个宽阔的赤陶花盆中所种的植物都还幼嫩，到了夏季，这些精挑细选过的香草就该和谐地比肩而立了。夏末要将这些植物分开，因为到那会儿它们就会挤作一团。蓝色和粉红色的神香草属植物（图中种的是神香草和玫红神香草）、莳萝以及狭叶青蒿都长得很秀气。多

蕊地榆、北葱、辣薄荷'草莓',还有低矮的法国薰衣草(标枪系列)都长出了密集的枝条。

⑩ 许多香草都长得很快,最好把它们分开来种,这样才方便管理。最经典的要数薄荷。把它们种在混合的花盆中、花坛里或高底的苗床内,它们就会蔓延开来。要想把单株的植物种到一起,可以把它们单独种在花盆中,再把这些花盆放进一个更大的容器里,局部填充排水自如的堆肥。随后,当植物的根长满花盆、长得太快或者快要逸生的时候,可以把它们拔除,换成候选的其他植物。一个老旧的锡盆就十分适合这种种植法,里面放着一大堆种在赤陶盆里的百里香,它们摆放的高度不同,这样就可以突出地展示个体。这条原则适用于所有香草:把它们放在离眼睛和鼻子更近的地方,摆放整齐,会让它们更加易于照顾。

增加水景

特定形式的水会赋予花园迷人的维度。用花盆就可以轻松地把水的生命力带到花园中，同时也可以在没有池塘的地方种植离不开水的迷人植物。简简单单地放一个浅底的反光钢碗就行，想做得更精致些的话，可以放一个水盆或者喷泉。我认为将水设置在叶丛中比设置在花丛中更能凸显它的特点。

❶ 老旧的镀锌水缸是实现水景的理想选择。矮小的睡莲能在这种大小的水池中自在地生长，很快就可以长成一大片。虽然不耐寒，但浮水植物是最简单也最立竿见影的选择，比如浅绿色、泡沫质感的大藻以及槐叶蘋，后者是一种水生的蕨类，它可以营造出夏季的色调，同时减少藻类的生长和绿潮的发生。灯芯草'螺旋'是在浅水中生长自如的植物，与漂浮的水生植物形成了鲜明的对比。

❷ 沼泽盆致力于安顿那些适水喜湿的植物，使它们能在花园的干燥土壤中生长。这个问题伴随着我的整个园艺生涯，因此，我用聚乙烯给图中的赤陶盆加衬，并用小石子封堵排水孔，然后按1∶1的比例填充沃土和无土堆肥的混合物。种上植物后，除浇水外几乎不再需要任何关注。盆里种了很多优秀的喜湿植物，它们都长得太大了，普通的花盆种不下，因此必须谨慎选择。你可以把这些植物种在一起，包括玉簪'爱国者'、羽状的落新妇'青铜典雅'（单叶品种）、血草以及花期长达数月、叶片美观而典雅的马蹄莲。这些植物在冬季要适当地减少湿度。

❸ 尽管蜻蜓往往只是在捕猎的途中路过，但小水体也可以吸引到它们。蜻蜓是迷人的生物，它们细节精致，每当它们在我面前休息时，我都会很高兴。图中这只雌性的条斑赤蜻在小憩。

❹ 这个花哨但是好玩的喷泉由一个大的镀锌容器、置于底部的小型潜水泵和好看的瓶子组成。将水泵的导线穿过排水孔，用硅酮密封胶固定。将玻璃瓶立在耐用的镀锌网上，

用一个倒扣的无孔塑料桶逐一进行支撑。将水泵的导线挤进中央瓶子的小孔里，用瓷砖钻头小心地钻出。用的时候要定期加水。

色彩和质感
各异的箱子

　　木箱具有很强的视觉吸引力，同时怀旧感十足。它们的外观和大小是许多容器无法比拟的，从这些方面来讲，它们是绝佳的花盆。我的箱子都是很珍贵的，为了延长其作为花盆的寿命，冬季都要把它们清空并拿东西盖起来。用木材防腐剂粉刷内侧，用聚乙烯加衬，抬离地面以促进排水，可以让它们尽可能地耐用。我大多数的木箱确实都是以前用过的，但是由于它们当中最老旧的那些难免会开裂，所以都被换成了易于使用的复制品，这些复制品被风吹雨淋一整季都完好无损。

❶ 这一箱喜阳的多年生植物多个季节都极具吸引力。初夏，开纸质粉红色花朵的条纹血红老鹳草'华丽'便接连不断地开放，而深紫品种群的紫八宝'紫色帝王'以及紫八宝'卡尔'则茁壮成长、含苞待放。中心处的华丽鼠尾草长出蓝色的花穗，这些花穗随后就要剪除，这样才能让紫八宝们当上主角。

❷ 紫八宝'卡尔'紧簇的花蕾到了夏末就会开出无数倍受蜂类和蝴蝶青睐的粉红色星星状花朵。

❸ 尽管花量变少了，叶片美观的老鹳草直到秋季仍在紫八宝丛中蔓延，引人入胜。随着紫八宝熟成，它们的花开始变红，而后在华丽的秋季萧条中变为锈色。让它们维持原样，用作冬季的构图，落满白霜或雪花时煞是迷人。

❹ 这个置于全日照处的复制箱混合堆叠了辣椒'小可爱'，极其华丽的灯台状的罗伞韭从中穿出。一连串对比鲜明的枝叶则来自牛至'乡村奶油'、临时救'午夜阳光'和百里香'银色哈林顿'。植物的色彩和质感饱满、触感喜人，某些部分甚至还可以食用，而且我也很喜欢蔓生的茎干所投射出的色调。

❺ 将随性群植的、喜阳的马鞭草'棒棒糖'（矮版的柳叶马鞭草，种在容器中更为好看），花呈粉红色的蔓生舞春花以及果实状如樱桃的番茄'不倒翁'交织在一起，再加上花朵呈星形的同瓣花，可以创造出一个花期持久的展陈。一个大木箱给它们提供了富足的生长空间，所以每种植物都能达到最佳状态。

夏日盛景

花园里的仲夏是一个激动人心的、竞相争艳的时节。花园中有太多目不暇接的感官冲击，让人激动无比！每个可用的花盆都种上了植物，在暖和的气温、浇水以及一丁点肥料的帮助下，经过一阵迅速的生长后，所有植物都迎来了盛放。花坛和庭院植物会有长过头的风险，有时候少种一些更合适。确保花园中拥有大量柔和、对比鲜明的叶片，既要色彩缤纷又要柔和素雅。通过选定主题来缩小种植规模，实现你的目的。

❶ 对于我来说，夏季的盆栽越多，人就越快乐。这并不意味着种一大堆容易干涸的小盆栽，而是选择直径至少为 30 厘米的花盆。每种植物单独盆栽，再按季节的需求排列组合成各种花境。在图中这个由混凝土马厩院子改造成的花园里，甚至找不到有泥土的弹丸之地。你有两个选择：一是浅钻深挖数周，拉来土壤；二是盆栽。最终选择可想而知！温室采用中性的色调涂漆并用盆栽植物作为缓冲，使其满足要求，成为整个场景中必不可少的部分。

❷ 如图所示，单独盆栽的矾根、苋、天竺葵、麻兰和五彩苏形成了一幅易于重组、扩展或缩小的花叶交织图。

❸ 这盆置于薄荷绿的柔和景观中的强健植物展现了明与暗的对比，而赤陶盆和周遭的中性小环境又使其变暖了一点。如果把它和其他色彩更为缤纷的花盆放在一起，冲击力就会大大削弱，落得"浪费"二字。盆中还有更多的生长空间，纤细的多年生植物矮牵牛'卡布奇诺设计师'和'炭黑快乐魔法'挨着常绿的长阶花'安妮小姐'和黑色蔓生的番薯'亲密紫心'。

❹ 这个由白色、青色和香槟金色构成的渐变色调赋予了这个三联组盆高雅的氛围，而高度和风格不同的花盆又十分有趣。位于后方的是白花型的蓝花红丝线，周围栽有通奶草'钻石冰霜'。前方则有半常绿的大花糯米条'霍普利斯'从细身桶中探出枝条，蓝羊茅'亮蓝'则与其图案显眼的花盆相得益彰。

❺ 一天当中大部分时间都是阴影的地方就是蕨类和秋海棠的乐园。将色泽明亮、正值花期的秋海棠和羽状的忠实伴侣红盖鳞毛蕨放在一起，搭配麻兰'薄荷巧克力'深色美观的剑形叶片，可以营造出激动人心的视觉效果。麻兰出奇地耐阴，如果它们长得太大，可以在春季分株。

⑥ 通常来讲，建议用花盆种植单一的植物品种。这种低风险的策略让人们有机会将花盆进行分组和重排，创造出将植物都塞在同一个花盆时实现不了的景观。单拎出来的品种也会使你更近距离地欣赏它们。伪园艺大咖们常常唾弃矮牵牛，但最近推出的很多品种和风化的赤陶盆很搭，比如矮牵牛'深色焦糖之星快乐魔法'就是一种很有趣的耐阴植物。

⑦ 常绿的苹果桉蓝灰色的叶片和小头蓼'红龙'心形镶银边的酒红色叶片完美点缀了幽灵系列的矮牵牛品种。后者独特的黄色花朵具有近黑色的条纹，不太容易找准位置，但在本例中则带出了有趣的感觉，并且它的搭档植物又增添了柔和感。

⑧ 竹筒很适合在一系列标准花盆中增加高度，而且它们就是为了展示雕塑美感的多肉植物量身定做的。尽管这些极其耐旱的肉叶植物最终也会缺水（需要偶尔浇下水），但它们是给那些很少时间浇水（或者忘记浇水）的佛系园艺者的礼物。图中生机勃勃的植物是拟石莲'紫珍珠'、景天'柠檬球'、灰岩长生草以及特玉莲（其蜡质的银灰色叶片会沿着长边下卷，然后在顶端上翘）。

⑨ 这幅画面展示出的组盆看起来是不经考虑的胡乱堆砌，某种程度上来讲是因为没有在排布上下大功夫，但各种各样的颜色、质感、外观以及零星的重复可以使人们在探寻中反复观赏。柔和的成片绿色植物中和了活泼的色块，而更为精致的花朵和叶片则让景观行云流水。即使与它日夜相对，这幅随性又平衡的画面仍然令我陶醉。花园中总会有新鲜的焦点，花些许时间进行重排和调整是一天当中治愈人心的时刻。

夏季的多年生植物

连续或反复开花数月或拥有值得观赏的叶片的多年生植物是典型的盆栽植物，即使其旺盛的生长能力令它们只种一季就要移栽或换盆，也不妨碍它们成为上好的盆栽候选。这类植物包括禾草、呈灌木状的多年生植物以及亚灌木。把它们和纤细的多年生植物、灌木、球根植物还有一年生植物种在一起，可以打造勤开花的跨季组合。

❶ 这一丛华丽俏皮的多年生植物线条增加了其自身的魅力。灌木状的银叶香科科'密枝'从中穿过，和两株充满活力但截然不同的鼠尾草很好地融为一体：分别是开红花的鼠尾草'皇家蜜蜂'以及开紫色花的鼠尾草'阿米斯特德'。美女樱'蓝手鞠'衬以醒目的紫色，起到巩固和统一的作用。位于前景下方开红花的苋也有类似的作用。把它

放在既有光照又有遮蔽的角落并及时修剪，可以避免它变得太难看。

❷ 鼠尾草'阿米斯特德'是所有多年生植物中最经常开花的品种之一。

❸ 马鞭草和狼尾草是阳光普照的夏日黄昏中的迷人亮点。

❹ 种在大花盆里的抱茎蓼'红色火把'会从其他花期持久的多年生植物中钻出来，创造出疏密有致的画面。

❺ 如果把光照利用起来，高大的禾草或轻盈的多年生植物就会被神奇地照亮，健壮的柳叶马鞭草就是这样。当这些植物背光或者被侧光更为柔和地照射时，效果会更加惊人。夏季的日出或日落，即太阳高度较低时最为惊艳。你可以四处搬动盆栽，调高它们的位置，直到找到合适的光照点为止。狼尾草（图中种的是非洲狼尾草和绒毛狼尾草'火箭'）最适合这种效果，它们高举的羽穗可以接住阳光。定期修剪苹果桉，使其保持可控状态。我每年11月末都会大肆修剪苹果桉，用来制作圣诞门环，春季的时候则小修枝叶，同时剪根。我将几株薹草'牛奶巧克力'分开，让它们充当古铜色的围领。

❻ 选择把鼠尾草'温蒂之愿'和更多的绒毛狼尾草'烟花'种在一起不会有生拼硬凑的感觉——二者都是善于配合的盆栽植物。这幅粉红色和深紫红色的调色图还包含了许多可靠的蓼科植物——抱茎蓼和其稍矮的品种'红色火把'。交织在其下方的植物是小型的美丽倒挂金钟'银衬'。经过数月的悉心照顾，它们将在季末开得无比热闹。令它们自然枯萎，给冬季提供具有骨架感的结构，到了春季再把它们分开并重新种植。狼尾草要当成一年生植物来种，抱茎蓼要进行分株，鼠尾草要勤加修剪。

❼ 混植在大花盆里的抱茎蓼、绒毛狼尾草'烟花'和紫盆花'黑莓速报'组合成华丽的、花期持久的景观。

耀眼的菊花

菊科是地球上最大的植物科之一。你可以用它们种满整个花园而不会感到单调无聊。当中很多原产于非洲的细弱多年生植物都是理想的盆栽植物，因为它们花期长且有着灌木状的株型。植物育种者孜孜不倦地培育它们，拓宽了它们的生物花色范围，也提高了它们的种植表现。单瓣花最好培育成重瓣花，因为它们对于传粉者而言更有用。

❶ 全缘金光菊'小金星'是一种喜阳的耐寒多年生植物，其亮黄色的花朵拥簇在一起，花心呈松果状。如图所示，它和柄叶蜡菊'聚光灯'组成二联组盆，后者是一种具有淡黄色叶片的半耐寒蔓生植物。暗色的铅质水槽凸显了叶片，将其摆放在老旧的缝纫机架上又放大了这一简单组合的冲击力。山麻兰'奶油喜悦'平衡了位于前景中的奶白色玉带草'菲西'。浅黄色的骨子菊烘托了这一主题。

❷ 图中种在高花盆里的加勒比飞蓬长势正酣，这是一种自播的多年生地被植物，它的花可以从春季开到秋季。

❸ 因其蓝色的花不会褪色，所以蓝菊备受人们珍视。这是一种讨喜的细弱多年生植物，在全日照环境下盎然生长，还会在细线般的茎干上不断开出高于叶片的花心呈黄色的花朵。这种植物需要温柔相待，因为它们的枝条很容易断。

❹ 原产于南非的骨子菊有了越来越多色调怡人或双色的品种可供选择。

❺ 暴雨过后，一些花朵看起来破败不堪，但包括菊花在内的某些植物披着水珠的样子别有韵味。阵雨过后，木茼蒿'红色星光'（雏菊热系列）显得更为热烈，当太阳重新出现时，它在那令人振奋的场景中熠熠生辉。

❻ 将数种类型一致或花朵相似的植物放在一起展示会产生十分成功的视觉效果。别的不说，你将体会到单个属或科里的惊艳品种。我认为大量不同品种的菊科植物能够实现一种迷人的协作，包括木茼蒿、骨子菊、蓝菊和飞蓬。我喜欢近缘品种之间展示出的花的大小、高度、生活型以及色调的些微不同。此处不设色彩主题，而是有意展示繁乱感和类似珠宝盒的感觉。在这片独美的菊花中，耸立在远处的蓼属植物和摆在高处的盆栽辣椒提供了恰到好处的舒缓。

桌面盆栽

　　只有把花盆抬高或者把它们摆到面前，我们才能全面地欣赏到那些有趣但微小的植物。我的花园特色就是经常重排、不断拓展，将我搜集到的植物放在各种各样的临时平台上（详见第29页的"调高位置"）。它们的大小使我可以随心所欲地创造和打理并总能回馈惊喜（详见第123页的"小型植物"）。将一组形态各异、叶面纹样有别的小型植物摆到一定的高度，可以使你更加舒适地观赏它们，体会当中许多值得品味的细节。

❶ 在倒扣的垃圾桶上艳压群芳的莲花掌'紫羊绒'形成了一个简单的焦点。比起地栽，这个高度能让你更好地体会到它的建筑感，质地柔软的茎轴更加突出了它的繁密。

❷ 这组色泽柔和，但外观和质感鲜活的排布展示了郁郁葱葱、外形奇特的食虫植物白瓶子草、黄瓶子草与棱角分明的多肉植物丽娜莲、灰岩长生草之间的对比。多肉植物的需水量不大，而喜湿的食虫植物的花盆则放在定期加水的托盘上，再辅以好看又实用的玻璃瓶。用了许多年的赤陶盆、叶片呈羽状的垫状暗色异柱菊'普拉特黑'和好望角茅膏菜也是这个精致小景观的必要部分。

❸ 既要使它们有条有理、方便换盆，又要将其放在一起展示以凸显效果，所以我把这些微小的观叶植物单独盆栽，再把它们放在一个老旧的珐琅碗中。种有植物的花盆和空盆混合在一起，一部分套叠而另一部分斜放的布置会给人轻松活泼的感觉。不用扰动其内容物就可以轻松地改换组盆，必要的时候也可以替换掉单株植物。

❹ 在窗边等地方，你可以在户外用起居室里的摆放方式来展示植物和物件。只需要在一张简单的桌子上摆上一些植物就可以以低投入给一个了无生趣的角落带去生机。外观和质感的起伏有致与并排展示让人大饱眼福，还会让人想放松地轻抚、轻触和轻拍植物。（当然，仙人掌除外！）如图所示，改换用途的缝纫机架上放着一块大理石板，上面摆着绫锦芦荟、庭菖蒲'鲍尔斯'、棒叶落地生根、小叶芒刺果'铜毯'、金琥、拟石莲和鳞叶菊。从废品站淘回来的菊石和闹钟摆得也正合适，提升了视觉吸引力。

壁面盆栽

壁面盆栽提供了一个欣赏垂直墙面的迷人方式。大多数壁面花盆的容量不大，因此适合用来种植浅根系植物，比如多肉植物和高山植物，你也可以每隔数月就重新种植一些新植物。

❶ 排水漏斗以及（牢固的）旧式蓄水箱是很有趣的壁面花盆，那些饱经风霜、表面脱漆的容器会更胜一筹。图中这个容器露出来的底色和立白花'陶波火光'相辅相成。这是一种常绿的多年生植物，具有排成折扇形的橙色、绿色或黄铜色的叶片。将其固定在风格独特的厚木块或风化的原木上，都能在有需要的地方提供垂直焦点。前景中的植物为天竺葵'百年温哥华'。

❷ 在壁面花盆里种一株蔓生的秋海棠比种一盆的效果要好得多，因为我认为种植秋海棠最好看的方法就是独栽。把秋海棠盆栽放在地面，那它们吊垂的习性就白白浪费了，可以把它们放在墙上最适合观赏的位置。在我看来，秋海棠的花不算太抢眼，花园里可以多种一两株。它们可以给背阴的墙面带去所需的色彩，如果少量使用并加以精致的叶片来调和，效果会十分出色。

❸ 在大城市的商业大厦里，绿意盎然或充满生机的墙面越来越常见，若它们以最佳状态示人，效果自然是最好的。这堵独树一帜的"活"墙展示出其独特的质感和魅力，特别适合家庭布景。老旧的排水漏斗里种满了叶片美观的长果山菅、扁茎沿阶草'黑龙'、箱根草。它们会随轻风摆动，令人心头舒畅。它们当中还种着开有橙红色花的罗伞韭和泡沫般的通奶草'钻石冰霜'。

❹ 黑色叶片的扁茎沿阶草'黑龙'常常结出乌黑的果实，此处将其和鲜绿色叶片的箱根草放在一起。春季种下罗伞韭的干燥鳞茎，它会穿破草丛，在盛夏时节开出花期持久的橙红色花朵。

❺ 多亏这些精美的盆栽和锈迹斑斑的旧工具，我用来遮阴的老式库棚迅速从眼中钉变成了手中宝。蕨类在凉爽阴暗的地方大放异彩，浇足水以后它们就会在花盆里开枝散叶。虽然柳条并不是最耐用的编织材料，但也可以用上好几年。在用柳条编成的花盆中种上蕨类后就会变得非常悦目，将其挂在库棚上，这种锥形的花盆几乎可以完美呈现蕨类的叶片。

速生的藤本植物

许多被视为一年生的纤细藤本植物生长快、价格低，可以相对快速地实现想要的高度和缤纷感。因为占地面积很小，它们可以在小面积花园里大显身手。其中有很多植物都有出色的盆栽表现，花可以一直开到年末。

❶ 这个花境的亮点是圆叶牵牛'奥兹爷爷'和山牵牛'橙色奇迹'，它们遍布在拱门上，能够无死角地进行观赏。圆叶牵牛每天都会开出一大片活力满满的喇叭状花朵，不过它们俗称"早晨的荣耀"，顾名思义，花一到中午就蔫了，一睹它们含苞待放的花足以成为早起的理由。到了夏末，随着

圆叶牵牛花期结束，主角就换成山牵牛了。图中右前方的花盆里种着芳香的香豌豆'马图卡纳'、夏季牧场系列的金光菊和扶芳藤'邱园'。

❷ 一般来说，一年生的攀缘植物到了夏季的后半段就会迎来它们的主场。9 月，种在直径 45 厘米、高 60 厘米的花盆中的金鱼花和它的搭档山牵牛'橙色奇迹'会开出越来越多的花，可谓表现优异。它们需要隔天浇水，每 2 周施一次水肥。种在种植槽中的这两种植物也创造了一幅令人过目难忘的画面。后方开着喇叭状花朵的三色牵牛'天蓝'沿着低矮的忍冬往上爬。

❸ 紫钟藤是一种细弱的多年生植物，它喜欢更阴凉的地方，最好把它们种成环状或沿水平面种植，让它的"铃铛"自由自在地舞动。

❹ 金鱼花适合播种繁殖，太阳一照就会变得格外迷人。

❺ 我花园里的土壤并不适合种香豌豆，而且它们的盆栽打理起来颇有难度，但是它们的花香是夏季不可或缺的一部分，因此我还是妥协地种上一片，勤加养护。

❻ 多裂茑萝枝条脆弱但花色鲜艳，擅长攀爬灌木和高大的多年生植物。

❼ 并非所有的藤本植物都是向上攀缘的，包括山牵牛在内的许多植物更喜欢长成蔓生，图中的是翼叶山牵牛'亚利桑那之光'。这株山牵牛被种在直径 25 厘米的花盆中，置于烟囱顶端。每隔 2 周施以水肥，定期浇透水可以使其维持 5 个月的最佳状态。山麻兰'奶油喜悦'与之形成了外观上的对比。

夏日的芬芳

盆栽种植的众多乐趣之一就是你可以随心所欲地近距离欣赏每个季节中最美的时刻。包括在座位区中央、桌面上、小道旁、门前和窗边种植芳香植物，其要领在于平衡多种香味，避免嗅觉疲劳。

❶ 喜阳、开着糖果粉色花的齿叶龙面花'彩色纸屑'弥漫在空气里的芬芳气味可以不知疲倦地从晚春一直飘香到霜冻时节。天气暖和的时候，这股香味尤为浓烈。龙面花花色繁多，但并非每一种都有香味，所以在买之前要闻一下。图中与之搭配的是有银色叶片的蔓生植物柄叶蜡菊'小叶'、多年生的白车轴草'龙血'和像迷你版矮牵牛的舞春花'粉红热情'。

❷ 图中所选用的植物香气发散而不刺鼻，在这种乡舍花园风格的布置下，人们有机会品嗅每一株植物的香味。图中开白花的石竹'回忆'香味最浓，紧随其后的是带有浓郁樱桃派香味的南美天芥菜'海蓝'，法国薰衣草'蓝色标枪'和欧鼠尾草'三色'则在触碰时才会散发出各自的香味。没有香味的美女樱'上等伏特加'则起到中和与统一的作用。

❸ 叶片有香味的天竺葵在花盆中长势喜人——赤陶盆将它们好好展示了一番。虽然它们的花开得娇滴滴的，但是叶片都很美观。当你拨弄叶片时，释放出的香气随种不同而有所差异，从柠檬香味到草莓香味都有，而图中的天竺葵'村庄宠儿'则是从可乐味再到略带坚果的香味。

❹ 暖阳高照的时候，开出许多紫色花朵的天芥菜闻起来有股煮熟的樱桃香味，它是我夏季必备的植物。你偶尔会闻到它的香味，但很可能要把鼻子凑上去才闻得真切，因此要把它种在高花盆里才方便闻嗅。图中为南美天芥菜'海蓝'。

❺ 株型紧凑的薰衣草即使寿命短暂，也是喜阳的典型盆栽植物。法国薰衣草有着尤为吸引人的花朵和叶片，当你抚摸它们时还会散发一股令人心旷神怡的浓香。

❻ 在所有有助于组成一个完美夏季的美妙香气中，香忍冬是我必选的一种植物。它带有几分怀旧感，让我想起童年的花园和夏夜，还有我在香忍冬的围篱边追逐蝴蝶的情景。因此我在花园里种了一株香忍冬'流金瀑布'，并把它驯化成盆栽植物，放在傍晚也能照到阳光的地方。我几乎每天都会去靠近它：它香气醉人，令人感到舒缓和平静。具有松香气味的香花天竺葵'村庄宠儿'和普通百里香都需要轻抚才会释放出香气，因此不会和忍冬的香味混在一起，可以尽情享受。

秋季是个充满活力、转瞬即逝的季节。花开花落、叶色变换、果实成熟。尚存一息的夏季植物也包含在这幅季节画面中，它们会在气温下降前一直开花。

秋

天气转凉

初秋时节逐步下降的气温和日渐减少的日照时长使植物的生长减缓，花量变少，空气中透出一股明显的换季感。虽然许多夏季植物的花还会开上数星期，但是一场突如其来的霜冻就会让它们全军覆没，因此明智的做法是种一些适应力强的秋季植物来接棒。可以每个花盆里种上一种植物，如垫状的菊花、堇菜或秋番红花，再把它们放在剩存的夏季植物中。

❶ 白天，华丽番红花'征服者'在灯芯草'螺旋'奇特的曲线形叶片中开花，展示出精致的细节。相比春番红花，秋番红花的品种似乎要强健得多，只可惜被人们低估了；在夏末进行种植，数周之内就会开花。龙胆（图中的是龙胆'蓝色岩间钻石'）有着令人无法抗拒的深蓝色喇叭状花朵，除非在花园中用上一袋富含腐殖质的纤维土壤，或者把它种在花盆中并摆放在适宜的环境里，否则龙胆就会在花园中绝迹。

❷ 选择习性和质感迥异但色彩一致的植物构成花园是一种简单美观的搭配方法。帚石南'亚历山大'提供了高度和轻柔感，而巨大盆栽花境的观赏甘蓝则与银叶紫花的仙客来略有共鸣。

❸ 这块旧砖是我最小的但重复使用得最多的容器之一。如图所示，砖槽里种满了堇菜'古色冰糕'，这种植物会在整个秋季和冬季的温暖时期大量开花。

❹ 齿瓣虎耳草'红叶'是一种十分出色的晚花植物，非常适合盆栽。晴朗且有微风吹拂的白天，它那蜘蛛状的纯白色花朵光彩夺目。藏在后面的须苞石竹'深红冲击'开出的血红色花朵增加了深度，又衬托了色如生铁的茎和藏在虎耳草下面的叶片。深秋时，你可以在室内欣赏褶瓣的半耐寒仙客来'超级衬裙'。

❺ 一个高大于宽的华丽容器凸显了纤细且常绿的多枝秋叶果'红色奇迹'以及小型、茎呈红色的柳枝稷'红姑娘'。只要天气还暖和，细弱的多年生植物同瓣花就能开出一大片星形的花朵，叶片深红色、不开花的象草'公主'则起到了充实作用。

柔和且具有魔力的光线

相较于夏季，秋季的光线更加柔和，更为漫散也更有气氛，摆弄盆栽也就更令人乐在其中。种在花盆里的植物可以调高位置或四处搬动，以找到最佳的光线利用点。侧光会突出薄如纸般的花瓣和彩色的叶片，当它们背光时就会变得像有色玻璃一样。半透明的种穗仿佛镀上金光，位于低处的阳光会将其投射出长长的彩色阴影。

❶ 用株型较矮、较松散的植物把直立生长的植物围起来是一种有效且不难做到的盆栽种植模式，要想长期展示，多年生植物和禾草的组合效果十分理想。图中相互偎依的多年生植物和它们的花盆十分般配，背景里的风化木门起到了很好的衬托作用。9月，轮叶金鸡菊'月光'会开出一大片浅黄色的花朵，在柔和光线的照射下散发光芒。釉面花盆的精巧光泽映衬了红钩穗薹'贝琳达的宝物'纤细的叶片，原木背景则呼应了植物的色彩。

❷ 尽管老鸦糊'丰花'花期短暂，但其非比寻常的紫色浆果一定会成为视觉焦点，它们在柔和的光线中闪闪发亮。在包含矾根'上海'的群植晚花多年生植物里，糙叶马鞭草的花映衬了紫珠的簇生果实。暖粉色的红花夜鸢尾'威尔弗雷德'和淡紫色的紫露草'艾丽斯'（属于安德品种群）种植高度不同，这样才不会遮盖彼此。这些植物之间的间隙是整体视觉效果成功的关键：一旦种得太密就会观感全无。

❸ 当落日位于红花夜鸢尾'俄勒冈黄昏'背后时，它的碟形花朵就会大有不同。将种有它们的花盆放在远高于地面的位置可以使它们有更好的采光。

❹ 狼尾草'卡西安之选'是最容易打理、最有用的中等高度多年生草本植物。它在晚夏时节会开出成束的花朵，而其毛茸茸的种荚整个冬季都挂在枝头。

❺ 为了营造出半自然的观感，这个在春季种下一大批细嫩禾草以及多年生植物的宽敞旧木箱很快就被叶浪和花海填满，并延续到秋季。要达到这个效果，可以选一些不会被禾草盖过的或轻盈或呈羽毛状的多年生植物，比如山桃草、蓼和腹水草。这样的种植组合在起薄雾的清晨以及水汽氤氲、雨滴在花叶间滑落的时候魅力十足。

大型果实和小浆果

从可食用的苹果和榅桲到围篱中的蔷薇果及其他成簇的小浆果，各种植物结出的形状各异、大小不同、颜色有别的果实向人们展示了收获季的丰富物产。它们当中有很多值得称道的盆栽植物，特别是有一些植物还可以提供吸引人的花朵或叶子，比如小檗、枸子、卫矛和越橘（蓝莓）。小浆果是秋季的重要组成部分，给人类带来享受的同时也是野生动物冬季的存粮。但并非所有的小浆果都能让鸟类大快朵颐：它们不喜欢茵芋和匍枝白珠，冬青的果实常常到了第二年还原封不动地挂在枝头。

❶ 即使只摆放一盆结满浆果的植物，也能给空间带去生气。越橘'火球'是一种健壮的石南状常绿植物（记得施酸性堆肥），即使在阴生条件下也能开花结果。自花授粉的强健植株结出的红色可食小浆果早早地就被鸟类采摘了，不过，看着它们狼吞虎咽也是一种享受。

❷ 将植物摆放在不同的高度是为了彰显它们各自的优点，可食用的蓝莓、辣椒和糙毛番马飑（拇指西瓜）与纯观赏的植物放在一起，构成了无死角的季节画面。金丝桃'奇迹之夜'贡献了近乎黑色的浆果（有毒）和深色叶片，开粉色花的龙胆和帚石南在其衬托下闪闪发光，赤陶盆则给这幅画面增添了暖色调。

❸ 葫芦和南瓜等具有装饰性的大型果实可以穿插到盆栽画面中，带来额外的色彩和趣味。比起零星的摆放，把它们集中在一起才有紧凑感，可将其放在木箱或大碗里作为焦点。

❹ 尽管小檗的英文俗名为"barberry"，但大多数小檗都是种来观赏多彩的叶片和花朵而不是小浆果。小檗果实的外观和色彩相当多变，尽管算不上夺目，但我认为它们同样拥有很高的观赏性。图中日本小檗的果实是亮红色的，而且在叶片掉落后还长时间地挂在枝头。

❺ 无味金丝桃'魔法南瓜'是众多具有精致色调的果实中的新进品种之一，夏季盛开的大片黄色花朵也为其加分不少。

❻ 尽管火棘的挂果时间不长，但和它们一样耀眼夺目的植物为数不多（图中种的是火棘'橙光'）。火棘富有活力，是大且具刺的长寿灌木，但在短期内使用大型花盆种植会更有用。你也可以对其进行修剪来延长它的盆栽寿命。

变色的叶片

对于大多数人而言，一提起秋天就会想起落叶树披上美妙颜色的画面。这是老叶中的叶绿体流失并即将掉落的结果，它无疑是秋天的亮点。这样的美景不仅出现在大型花园、公园的景观中：随着秋天的到来，许多盆栽的小乔木、灌木和一些禾草的叶片也会变色。有的植物要过数周才会完成变色，而有的则变色快，褪色也快。

❶ 我年轻的时候大胆种了一棵紫叶的小檗和一棵黄叶的小檗，它们挨得很近，枝叶都交汇在一起。虽说各花入各眼，但它们赚足了评论，到了秋天，变色的叶片使它们显得更加和谐。我在此处重温了这一做法，在一个磨损了的镀锌桶中种一片起到突出作用的深绿色洋常春藤'三脚架'，两株圆柱形的小檗（分别是日本小檗'金色火箭'和暗紫日本小檗'红色火箭'）从中长出。你会爱不释手还是深恶痛绝呢？

❷ 有的人对已然成为盆栽"香饽饽"的鸡爪槭不屑一顾。

我必须承认，我现在没有以前那么讨厌它了，当一种植物能够提供很多视觉享受的时候，你就要加以利用。所有的鸡爪槭都有出色的盆栽表现，不过株型更为紧凑的品种更值得搜罗，而树冠呈穹顶状、枝条略为下垂、叶裂整齐呈羽毛状的品种则是我的最爱。图中的焦点为翠羽品种群的鸡爪槭，两侧衬盆中的裂矾根'铜灯笼'和'装饰派艺术'，以及前方生锈汤罐里毯状的小叶芒刺果'铜毯'呼应且放大了鸡爪槭堆簇的造型和温暖的色调。同样地，背景中高大的绿色禾草和前景中的蕨类也有助于凸显鸡爪槭的勃勃生机。

❸ 人们可以通过盆栽欣赏到很多小乔木的一小段生命历程，但它们至少得有数月的值得煞费苦心的吸引力才行。很多小乔木都不符合条件，但是枫香树不同。它们是持久秋景的首选树种，在其叶片即将掉落前，你可以期待一下满树不同的色彩穿插在斑驳阴影中的情景。当叶片被打扫干净后，其多分枝的金字塔形茎干可以产出芳香的树脂。我把枫香树种在（带把手的）大型塑料花盆里，使其更便于移动（以及相对易于换盆和剪根），然后用原木、轨道枕木零件、粗麻布，或者如图所示的瓦片和其他盆栽植物把塑料盆遮盖起来。

大放异彩的季节

即使是那些钟爱细腻冷色调的人，也一定会被秋天热烈的鲜活色调迷得神魂颠倒。位于光谱暖端的颜色在一向都很柔和的秋季光线的照射下显得愈发出彩且吸引力大大增加。各种常绿植物和落叶植物引人注目的叶片，还有果实和迟开的花朵都可以通过组合盆栽的形式搭配在一起，让整个秋季都有色彩缤纷的焦点。

❶ 这幅由蔓生的景天'柠檬球'、矾根'姜汁汽水'、叶片剑形的立白花'陶波火光'和辣椒'美杜莎'组成的活力美景会一直留存到第一场严重霜冻侵袭其中惹眼的观赏辣椒为止。如果存在天气威胁，可以将盆栽转移到凉爽的门廊或温室，从而在整个季节都可以进行欣赏。

❷ 这组薄荷绿的'白卷发'发状薹草和雏菊型花的'橙色夏日女郎'金光菊从盛夏一直开到秋季，赚足眼球。因为金光菊开败的花太显眼，所以我把它们剪掉了，以保证花朵陆续开放；只有到了晚秋，我才会留下一些挂着花瓣的锥状花心为冬季的景观做准备。

❸ 剩存的夏季植物加上秋季的新面孔构成了一个花、果、叶奔放亮丽的组盆，灰蒙的天空使得色彩更显鲜艳。开了一个夏季的茼茼苏开始凋零，但天竺葵'百年温哥华'和五彩苏'篝火'（现归鞘蕊花属）势头正劲。低矮的菊花和辣椒组盆即将迎来全盛期，而叶片呈带状的麻兰'薄荷巧克力'和背景中一丛柔软的细茎针茅则在形态上形成了对比。

❹ 董菜是用处颇大的盆栽植物，可在全日照或稍背阴的条件下种植，并且有许多迷人的颜色可供选择，定期摘除枯花能让它的花期持续数月。莴苣'红栎叶'和胡萝卜给这个繁茂的画面带来了一丝静谧。

❺ 红果薄柱草是一种小而紧凑的植物，人们常把它种在室内，但它可以在霜冻来临前为室外的遮蔽处增色。生锈的金属、风化的原木和老旧的赤陶盆都有助于衬亮其花色。

种穗与衰败

随着季节推移，许多一年生植物和多年生植物会优雅地淡出，逐渐枯萎，只留下茎干和精巧的种荚。随着冬季悄悄到来，伴着挂有露水的蛛网或在严重的霜冻里结冰，植物的衰败感会更具有吸引力。一段时间后，有些植物的姿态会发生变化或分崩离析，而有的则孑然傲立，直到你在春季手动进行剪除。不久之前，园丁们都在积极地保持秋季井然有序的样子，如今却发生了变化，我们开始学会欣赏衰败，在伐倒或摘除植物之前会三思而行。

❶ 通常来讲，植物会将花盆遮得严严实实，但在特定情况下，好看的花盆就应该露出来。多年生地被植物密穗拳参'红色大吉岭'要定期修剪才不会遮挡混凝土花盆具有建筑感的线条。同时，让其呈稻草状才能和喷泉状的蓝沼草'海德堡'格调一致。

❷ 在花园中，衰败也可以是迷人的。比起百子莲'夏洛特'夏季时的蓝色和绿色，我更喜欢它秋季时橙黄色的模样。它枯黄的叶片屈折成拱形，与

前面观赏辣椒长而弯曲的果实，还有景天'柠檬球'相呼应。接着，它的叶片会变得软塌塌的，因此要花点工夫进行整理。尽管多数茎干会枯倒，但大部分种穗的外壳会宿存到春天。

❸ 当光线照到赫赫有名的芒'晨光'等高大的禾草时，其羽穗仿佛通了电，犹如数千个小型发光二极管一样闪烁着光芒。

❹ 狼尾草'红头'是一种出色的适合盆栽的中等高度禾草。理论上要把它放在能彰显其喷泉状造型的地方。

❺ 密穗拳参'红色大吉岭'绿色的叶片旁出现了褐色、略微枯萎的叶片，给人以两种调性的外观。

❻ 春夏时节，优雅蹄盖蕨需要遮阴，防止其娇弱的叶片变得皱皱巴巴的并变为棕色。随着植株枯萎，遮阴就不再重要了，此时其叶片的透光效果令人惊叹。

❼ 许多禾草亮丽的茎干可以有效衬托包括百子莲在内的多年生植物更为暗哑的枝干和种穗。

❽ 记录植物从一个季末到另一个季末的变化是一件无比美好的事情。这株蓝沼草愈发瘫软，但即便它完全枯死，魅力也丝毫不减。

❾ 随着秋季的推移，玉簪布满脉纹的具肋叶片会先变为黄白色，随后叶缘变为褐色，最后全部变为白色。

房子旁边的一处荫蔽角落里团簇着晚冬开花的蓝色球根植物，包括网脉鸢尾'凯瑟琳·霍奇金'、'和谐'和'克莱雷特'。在这里，你可以抛去顾虑，尽情享受它们。

冬

初冬

随着初冬的到来，即使是经过精心种植的花园也会变成光秃秃的景致。此时，盆栽植物受到了极大的欢迎，甚至一两个小型但状态良好的盆栽也能使人们精神振奋。人们常常会透过窗户或在过道观赏盆栽植物，因此可以有针对性地进行摆放。

叶片美观的常绿植物是冬季盆栽植物中的理想之选，有助于解决这个季节无花可赏的问题。多彩的茎干、待放的花蕾、具有光泽的小浆果以及线条分明的种穗都是可用的素材。一年中无论何时都不要过于依赖花朵，这是一条良训。

❶ 种来观赏叶色和造型而非品尝的羽衣甘蓝是很有用的秋季和初冬的填充材料。比起花朵，它们和观叶植物更为般配。随着季节临近，虽然它们看上去很好种养，但也要保证土壤不会太干或太湿，这样才能延长观赏期（注意防止被蜗牛啃食）。比起露天栽植和浇水，把它们种在单独的盆里，"扔进"需要陪衬的植物中要好得多，同时也要使它们易于替换。

❷ 这个包括常绿的柠檬百里香'花叶'、冬天开花的白花杂交欧石南'熔银'以及叶片呈绿色的洋常春藤'三脚架'的简单组合是一幅有质感的交织图，可以在暗淡无花的数月里保持不变。细茎针茅提供了一个具有触感、在微风中动人轻曳的背景，也过滤了惨白的冬阳。外层爬满地衣的水槽与植物相映成趣。

❸ 小巧的常绿植物花叶柠檬百里香上挂着一层闪闪发亮的霜。

❹ 一个不难实现的"盆中盆"设置可以使空间和灵活度最大化。山茶耐受不了永久性的多种植物混栽，但只种一个冬天的话，不会造成任何损害。将这棵修剪成棒棒糖状的园景树种在大塑料盆里，再把塑料盆放进专门作为装饰的赤陶盆深处，为其陪衬植物留出舒适的上层空间。

❺ 图中为在山茶底下挤作一团的观赏甘蓝、扁茎沿阶草'黑龙'和枸子状秋叶果。

❻ 山茶的株型整齐利落、枝繁叶茂且花有香味。

节日盆栽

传统上，圣诞节是将常绿植物伐倒用作室内装饰的时候，但其实许多处于生长期的植物在户内户外都能传递出节日的喜悦。许多拥有橙红色小浆果的灌木可以迅速营造节日气氛，标志性的常绿植物中最负盛名的当属冬青和常春藤，这两种植物各有适合盆栽的品种。虽然常绿的针叶树，特别是松树、云杉和冷杉适合用作拱形以及灯挂装饰，但它们也可以搭配暖调的赤陶盆来散发魅力。鲜活的绿植完全可以和切花搭配，我有一盆欧榛'扭枝'，每到12月，就会得像槲寄生似的，多数后知后觉才注意到它的人都会对这种搭配方法投以赞叹的眼神。

❶ 彩色的茎干、常绿的树叶和小浆果构成了喜庆的样子，它们的吸引力可以一直持续到新的一年。红瑞木'西伯利亚'是一种相当大的灌木，特别是在春季勤加修剪的话，可以在大花盆里种好几年，这会使得新生的茎干拥有最亮眼的颜色。包围着它的常绿多年生植物地中海大戟'银天鹅'披着一层明亮的外衣，其具有奶白色边缘的叶片紧贴着一丛浓密的匍匐状铺地柏。日本茵芋'红钻石'不甚吸引鸟类的红色小浆果可以在枝头挂好几个月。

❷ 暗叶铁筷子'圣诞颂歌'开花的时候值得一看。可以把它摆在高处并配以合适的陪衬（见 ❼）。

❸ 我通常会避免种植过多的花叶植物，而且从不把它们混种在一起，但这些规则并不适用于圣诞节。图中展示了金边扶芳藤和淡红色的雁果'喷焰'之间的华丽碰撞。

❹ 白花杂交欧石南'熔银'习性强健，可冬季开花，便于为 12 月的花园贡献力量。

❺ 挂霜的日本茵芋'红钻石'和铺地柏具有季节性的优点。

❻ 木制的籽播盘中装满了小型的赤陶盆，移动灵活，使得圣诞节过后在室内进行观赏也变为可能。新年来临，可以把仙客来换成其他开花的球根植物，比如鸢尾和低矮的水仙。春季还挂着果子的匍枝白珠可以活好几年。空花盆不仅增添了质感、色彩和对比，还可防止种在其他花盆中的植物倒伏。

❼ 把盆栽摆在桌子或椅子上，辅以与之互补的背景，即使是中等大小的植物也可以给光秃秃的冬季景观带去冲击。如图所示，腐旧但特点鲜明的木箱中舒适地着暗叶铁筷子'圣诞颂歌'、白花杂交欧石南'熔银'、蔓生常春藤和匍枝白珠。

仲冬

隆冬时节，只有最具献身精神的人还在进行园艺活动，只有最无畏的植物才会开花，冬天的花园仍然有很多令人兴奋的地方。在冬季，我将大多数的盆栽都挤在屋旁，只将一两个种有杂交欧石南、

茵芋和铁筷子等耐寒植物的花盆放在有可能遭受霜冻或小雪的地方。圣诞节过后在花店和苗圃能买到的多数植物这会儿就要在温室里生长了。

❶ 尽管有磨损，但这个浅底铜桶一直是我的最爱。它适合很多植物，可以摆在很多地方，甚至可以挂起来变成一个吊篮。虽然历经岁月，但我仍回想起它在漫长的改换用途过程中种过的植物。如图所示，自由开花的小花仙客来与巴拉德铁筷子'梅林'位于一片铜叶白车轴草上方。一大把雪滴花欢快地垂着头，不过雪滴花和仙客来若长时间种在花盆中则不能自在地生长，所以随后要给它们在落叶灌木底下找个新家，这样数量才会倍增。

❷ 铁筷子'粉霜'很快就会开花，花期至少持续数月，并在早春迎来最终的盛花期。和所有铁筷子一样，它

们的残花也仍旧具有吸引力。

❸ 和 ❹ 金缕梅是真正的冬季亮点。尽管它们在自然情况下是一种大型且呈展开状的灌木，但如果在花后细心修剪，应该也能在施有酸性堆肥的大花盆中生息多年。其中，带有淡香的间型金缕梅'阿诺德誓言'是最可靠的多花品种之一。图中与之搭配的是柠檬黄色和绿色的重瓣铁筷子、网脉鸢尾'克莱雷特'、鸢尾'凯瑟琳·霍奇金'和一圈花叶的薹草（大岛薹草'永翠'和'永辉'）。严格来讲，这是一种奇特的培育方式，因为要把植物堆在一起才有效果，且只在冬季才有可能成功。不管怎么说，这番美景值得为之付诸努力。

❺ 图中的老旧木箱里种着一堆价格低廉却质感满满的植物，包括芳香的百里香、开粉红色花的红花杂交欧石南、立白花'陶波火光'、扁茎沿阶草以及波状的灯芯草'螺旋'。把开淡红色花的麻兰'逗乐小丑'单独种在盆中置于后面，可以呼应扇形的立白花。

低矮的鸢尾登场

　　天气不尽人意的数月时间里，可以把早花的小型植物作为观赏的主角。没什么植物可以比和雪滴花、秋番红花一同盛开的网脉鸢尾更值得细细端详的，它们日益受欢迎且品种范围也在扩大。将鸢尾种在与之相互衬托的容器里最能展现其魅力。尽管它们的花朵预示着春天临近，但它们却是冬季开花的植物，而且十分强健。

❶ 深蓝色的网脉鸢尾'克莱雷特'和浅蓝色的鸢尾'凯瑟琳·霍奇金'交相呼应。不同高度的花盆逐层展示了植物，比高度一致的花盆更有立体效果。

❷ 带有装饰性花纹的花盆可以增添色彩和趣味，但要确保它们可以为植物锦上添花，而不是喧宾夺主。这个代尔夫特风格 * 的花盆巧妙地衬托了纤细的鸢尾'带妆淑女'。

❸ 一块空心的砖是低矮鸢尾们的理想展台（图中种的是少斑鸢尾'碧翠丝小姐'）。砖块里的空间正好可以种下鸢尾的鳞茎，让其具有建筑感的造型和精细的细节一览无遗——种太多鸢尾就体会不到这种乐趣了。这种极富艺术性的展示方法可以用来展示一株新品种的鸢尾。秋季的时候，将细筛网放进每个空花盆底部，种上一个鳞茎，填满砾质堆肥，再铺一层粗砂，防止花枝东倒西歪。

❹ 单株盆栽的低矮鸢尾（图中种的是鸢尾'凯瑟琳黄金'）能最大程度地展示其独特的魅力。

❺ 鸢尾'凯瑟琳·霍奇金'和'凯瑟琳黄金'从常绿的扶芳藤'邱园'细小叶片形成的鲜绿色垫子中高高探出。你也可以选用垫状的百里香和虎耳草。

* 代尔夫特是欧洲蓝白瓷器的代表风格之一，以手工绘制的精美图案著称。

晚冬

和所有换季期一样，不看日历的话，冬季和春季过渡的界限是模糊不清的。逐步铺开的花朵点亮了最后几天暗淡无花的日子：铁筷子仍然是亮眼的明星，而低矮的鸢尾和仙客来则开始为小型的水仙、报春花和番红花让道了。随后，空气和光线里有了更多春天而不是冬天的气息。这是一年当中最激动人心的时刻，如果你在10月和11月初大胆种了许多球根植物，那么这时便是提前投资获得回报的时候。

❶ 用木制托盘和枕木搭出用于展示各种植物和花盆的梯台。不仅每个盆栽都看得一清二楚，而且整体效果桴鼓相应。放在前面的是长阶花'蓝星'，日本茵芋'默林斯1号'、铁筷子、仙客来和鸢尾；高居其后的则是铁筷子'粉霜'、地中海荚蒾'伊夫·普莱斯'、鸢尾'波利娜'和鸢尾'凯瑟琳·霍奇金'。我在初冬种下的观赏甘蓝开始抽薹，它相貌平平，但巩固了配色方案。

❷ 我观赏这株扶芳藤'邱园'快三十年了。这是一种适应力强的垫状常绿植物，具有极强的适应力，而且可以驾驭任何种类的花盆并自在地生长。大片的扶芳藤可以充当许多其他植物柔和且完美的陪衬，包括低矮的水仙、蕨类和鸢尾。

❸ 花朵呈碟形的罗德尼戴维斑纹杂交群种铁筷子'莫莉婚纱'、成束的薹草'牛奶巧克力'和叶片呈黑色的扁茎沿阶草'黑龙'包围着麻兰'青铜宝贝'，营造出持久且具有建筑美感的视觉效果。宽敞的浅色镀锌花盆和铁筷子完美搭配。

❹ 鸢尾和铁筷子是十分值得信赖的晚冬开花植物，二者我都种了很多品种，因此它们在这几页中频频出现。图中浅灰蓝色的网脉鸢尾'克莱雷特'，花期长得惊人的铁筷子'冬钟'（最早开花的植物之一）以及罗德尼戴维斑纹杂交群品种铁筷子'贝莉胭脂'构成了花朵满满的"三重奏"。因为每个花盆里只种了一个品种，因此很容易与其他植物进行搭配。铁筷子'冬钟'成簇下垂，带有粉红色调的铃铛状花朵可以从冬季开到春季。它还有在夏季复花的讨喜习性，不过要小心蚜虫——它们钟爱柔软、肉质的花蕾，而且人们容易忽视这些在非应季植物上吮吸蜜液的"讨厌鬼"。

❺ 即使只注入适度的颜色，比如一株风信子，就能瞬间提升整个画面的亮度。风信子'粉珍珠'可以立刻给常绿植物带来花色（和香味）上的震撼。这些植物包括地中海荚蒾'伊夫·普莱斯'、南天竹'圣火'（南天竹'迷恋'为其异名）、铁筷子'粉霜'和日本茵芋'浅红'，它们正准备生出红色的花蕾。

6 空间足够时摆放植物要留出透气区。变换盆栽的高度，让每种植物的外观和细节都能看得清清楚楚，既能更好地发挥个体作用，又可以使场景更加生动。在盆栽间留出空隙也更方便维护和巡查。增加装饰物，比如一块石板或卵石，减少植物和花盆的使用，腾出更大的空间——在冬季时格外管用。我原本打算种浅黄色的风信子，但是粉红色的风信子花量更大，尽管色调不太合适，但仍然可以传达出吸引眼球的核心色彩。其周边的框架则由矾根'黑莓酱'、地中海荚蒾'伊夫·普莱斯'、南天竹'圣火'、麻兰、铁筷子和日本茵芋'浅红'组成。

7 8 麻兰'毛利皇后'和铁筷子'天使之光'用的花盆与 **6** 中的是一样的。在我小小的努力下，这些植物共同生息了数年，直到变得纷纷拥拥。许多杂交的铁筷子不喜欢大盆，也不喜欢过多的水分，所以我用根部肉质的麻兰来帮忙把多余的水分吸收。植物上覆有少许积雪是一种怡人的装饰，但如果可能的话，最好抖掉盖顶的大雪。

9 虽然针叶树的魅力不一，但不管是单独种植还是群植，生长缓慢、株型紧凑的品种都是很可靠的盆栽植物。圆球状的北美香柏'金团'和铺地的欧洲刺柏'绿毯'都是值得搜罗的品种。美观且极富特色的松树最适合作为纵向景观上的金色亮点，比如矮赤松'俄斐'。

10 落雪装饰着松树轮生的枝条——我特意种了好几株低矮的品种，就是为了这幅美景！

地中海蓝瑰花是夏末或初秋时种下的鳞茎长成的，这是一种原产于地中海的美丽植物，比起种在开阔的地面上，种在花盆里更方便精准排水，因此更加可靠。

挑选植物和花盆

种什么好呢？

几乎任何植物都可以在花盆中生长，尽管有些植物盆栽表现不佳，但值得庆幸的是，拥有出色盆栽表现的植物应有尽有、多不胜数。每年都有许多更值得盆栽的新品种推出，因而挑选喜爱的植物就变成了一件无比幸福的事情。本章汇集了我种植过的最富吸引力和最有用的植物。

盆栽植物可以粗略地分为两大类：一类是可以存活很多年的植物，一类是只能开花数周或数月的季节性植物。后者包括一年生植物、二年生植物、细弱的多年生植物、球根植物和蔬菜。而乔木、灌木、针叶树、藤本植物、强健的多年生植物以及草类存活时间相对较长。

如果想在我的盆栽植物中取得一席之地，必须满足一些基本要求。首先，它的吸引力要尽可能持久，郁金香和百合除外。没人希望每隔几周就重新种植一遍。所经季节越多，植物可以提供的东西就越好，尤其是在空间有限的时候。花朵靓丽、果实繁多、叶片美观的植物当然最受欢迎。原则上，适合盆栽的植物应当株型相对紧凑，不过对于色彩鲜艳的植物而言，这也并非不可打破的铁律。

其次需要考虑的是每种植物特定的栽培需求。这对于盆栽植物而言尤为重要。做点小小的功课便可以确认植物及其所处位置的匹配度，并且也能让你尽可能地满足其需求。由于你可以及时对盆栽植物的生长状况做一定程度的调控，所以有些植物盆栽的表现甚至要优于地栽。

打个比方，将喜阳的木茼蒿种在花盆里，放到半阴的树下是徒劳之举，因为它们会长得七零八落，花开得稀稀拉拉。无独有偶，鸡爪槭喜欢在凉爽的遮阴处繁衍生息，将其放在阳光充足或露天的风口并非明智之选。我自己也犯过许多错误。盆栽植物的好处是如果你及早发现错误，可以相对轻松地将摆错位置的植物迅速地重新放在更为合适的地方。

乔木和灌木

1. 鸡爪槭‘橙之梦’
2. 松红梅‘红勋章’
3. 藏东瑞香‘杰奎琳’
4. 马醉木‘小灌丛’
5. 软树蕨
6. 绣球‘黑莓派’
7. 杜鹃‘珀西威斯曼’

乔木和灌木可以成为园景的构图重心并作为永不更换的盆栽进行展示。对木本植物的运用，可以轻松实现一个多层次、持续变化的盆栽绿洲。当种植了很多生命力顽强的框架植物时，也需加入更多的点缀植物，效果会更好。

古代的盆景艺术虽劳力伤神，但有将大型的树木装进花盆中的经验，比如栎树和松树。足够大的容器可以使许多树木在无须精心打理的情况下生活很多年，我也曾见过活了十年以上的植物。包括加拿大紫荆、欧洲水青冈‘紫垂枝’、北美枫香树、紫叶唐棣、丘柳‘红龙爪’和裂叶火炬树。如果花园的高度统一，可以考虑种植冬青、石楠和女贞等灌木，把它们修剪成半乔木状或修剪成柱形、棒棒糖形。

常绿植物是天然的盆栽植物之选，特别是株型紧凑或生长缓慢的品种。它们是可靠的中流砥柱，是鲜艳的植物的绝佳陪衬。你可以在叶片具有亮色花纹或形态独特的品种中选择。严格来讲，新西兰麻是多年生常绿植物，但值得一提的是，这种长寿的植物是向阳处的绝佳选择。和灌木不同，一旦新西兰麻长得太大，可以进行换盆和分株，使其重焕生机。其他的优秀候选包括多室八角金盘、墨西哥橘、马醉木、十大功劳和多枝秋叶果‘日光飞溅’。近年来，随着新品种出现，我愈发喜爱产于新西兰的臭叶木属植物。尽管它们在寒冷的地方要加以保护，但其紧凑的株型和闪亮的叶片令它们充满吸引力。另外，来自新西兰的海桐属植物也有奇特的新品种，可以用来做盆栽。

低矮、生长缓慢的针叶树无比珍贵，尤其是在冬季值得人们加倍推崇。它们并非一成不变，而是会随着季节流转而循环变化，冬季时变得闪闪发亮，到了春季则随着新叶的萌发变得更加耀眼。尤其是别具风格的松树，生长缓慢的品种可以在花盆里生存好几年。匍匐状的刺柏生性强健，搭配其他茂密的植物时（比如冬季开花的欧石南属植物）尤为吸引人。

溲疏、丁香，甚至木兰等落叶灌木的花期很短，不能真正派上用场，但其他包括风箱果、槭树（鸡爪槭）和珍珠梅在内的叶片饶有趣味的灌木则另当别论。

耐寒的多年生植物

那些可以忍受严寒的多年生植物，一年到头都可以放在户外，而细弱的种类则必须防寒（详见第124页的"一年生植物、二年生植物以及细弱的多年生植物"）。

许多适合盆栽的耐寒多年生植物最可爱的一个特点是它们会随着季节的推移改换面貌和步调。3月，玉簪长出饱满的芽尖，然后随着时间推移，芽的舒展和扩展速度会越来越快。到了5月初，这些优良的盆栽植物的叶片正是最美观、棱角最分明的时候，随后，银紫色或白色的花朵也会加入其中。冬季，叶片枯萎变白，十分迷人。再拿肺草来说，起初花叶同期，叶片上常有斑点或呈银色，随着花朵凋落，叶片则逐步长大。淫羊藿、蓝珠草和蕨类等林生植物可以在阴生处的花盆中欣欣向荣。挑选蕨类是一件很奇妙的事情，把它们放在花盆中进行展示可以让人全面欣赏到其充满雕塑美感的样子。优雅蹄盖蕨、红盖鳞毛蕨、蹄盖蕨'弗里泽尔'是我永远都会选的3种蕨类。对于多数多年生植物而言，如果它们开始显露疲态或变得凌乱，稍做修剪会使它们重焕生机。

最值得种的盆栽无非是花期超长或叶片美观的耐寒多年生植物。大花马鞭草'班普顿'、地榆、山桃草、宽叶韭'佐拉米'都是符合条件的植物。株型较为矮小、长势不甚过旺的蓼属植物也可以，比如抱茎蓼'粉红大象'、抱茎蓼'布莱克·菲尔德'和小头蓼'红龙'。我常常会选择更为蓬松的种类，比如箱根草、画眉草和须针茅，以及特别细弱、透光的黍和蓝沼草。狼尾草'妖精之尾'和芒'红云'也都是值得一提的品种。

禾草证明了叶片和花朵在视觉上一样重要。不妨这么说，如果一株观叶植物是常绿的或者在特定季节、特定时期还能开出显眼的花朵，才是它们真正的优势。符合条件的佼佼者是矾根、黄水枝和裂矾根（前二者的杂交品种）。它们具有高度吸引人的叶片、利落的株型和娇弱的花朵，无论哪个季节都是极好的盆栽植物。许多大戟也属于这一类，这些高高的植物可以种在花盆中央或者靠后的位置。

尽管有些多年生植物要和其他植物混植在一起才会有最佳效果，但百子莲、玉簪、矾根和蜜花等植物即使单独种植也有惊人效果。

❶ 大叶蓝珠草'冰霜杰克'

❷ 红盖鳞毛蕨

❸ 矾根'橘子果酱'和铜叶白车轴草

❹ 松果菊'白天鹅'

❺ 金光菊'橙色夏日女郎'（夏日女郎系列）

❻ 蓝羊茅'亮蓝'

开花的球根植物

1 鸢尾'凯瑟琳·霍奇金'

2 西伯利亚垂瑰花

3 地中海蓝瑰花

4 猪牙花'宝塔'

5 希腊银莲花'白光'

6 水仙'瑞普凡·温克尔'

7 点缀着大叶蓝珠草'冰霜杰克'的郁金香'韦伯鹦鹉'

8 风信子'粉珍珠'

分层种植

在单个花盆中获得一系列颜色的可靠方法是分层种植球根植物，尤其是当你被迫留出空间时。最好分3层，但小花盆分为2层更为合理，或者在特别大的花盆中分4层。将最大、最晚开花的球根种在底部（可以埋30厘米深），同时把最容易开花、最小的球根种在最上层。单层种植的球根也颇为动人，而多层种植则要求更宽敞的空间供底层球根生长。可在堆肥里拌入砾石，以确保排水良好。如果可能的话，就把花盆放在砖块或盆托上。在底层和中层盖上5厘米厚的堆肥，再把上层球根压至10厘米深。

如果没有大量易于种植的球根植物，盆栽种植者就会发现要使春季变得多姿多彩将是一件极具挑战性的事。大部分植物都在花盆中繁衍生息、连续开花，贯穿整个夏季：从冬春之际开花的低矮鸢尾（详见第106页）和满载花粉的番红花，到夏季铺满小路的艳丽郁金香（详见第38~43页）。

许多球根植物我只种在花盆里，这样它们在休眠时不会被意外打扰，因为花期不会太长，所以一旦枯萎后也很容易移动。可以把大部分的球根植物种在塑料盆里，再在外面套上观赏花盆，一小部分种在其他季节性植物和大盆的常绿植物特意留出来的缝隙里。把它们先种进大小合适的花盆里再进行其他种植可以给其提供适宜的生长空间且不会被其他植物干扰。

其他的则直接种在观赏花盆里，每个盆里通常只种一两个品种，因为它们开花时会贴在一起，而且这样花谢后便于替换。我也会把郁金香和水仙种在多叶的多年生草本植物中，比如玉簪、蓝珠草和蓼，这样一来，当后者苗壮成长时就会成为主角，遮掩凋败的球根植物的叶片。

许多盆栽表现优异的春花球根都需要开阔且光线充足的位置，不过当中的垂长青、猪牙花和延龄草则是喜阴植物。我尤其喜爱延龄草，尽管它们不太适合种在花盆里。抗风的低矮水仙品种在稍微荫蔽的环境，比株型较高的品种表现更好。多头的水仙更是奇珍异宝，比如包括我最喜欢的水仙'哈韦拉'在内的三蕊水仙品种。少量球根种出更多茎干会使景观更富有冲击力。

相比地栽，盆栽的球根可能会深埋或浅种，也可能种得更密。这时你可以把它们一网打尽，营造一个令人印象深刻的陈展，不过你要记住其花朵的大小和形态。举个例子，低矮的鸢尾如果种得太多，开花的效果就会大打折扣。错开种植时间，将大多数花盆摆在户外凉爽处，一些略微遮盖，便可收获一幅长期的色彩图。

球根植物的诱人品种层出不穷。当你通过网购方式买入球根时，要注意检查它们的大小。大的球根生出的茎干最多，开的花也最大最好，因此球根的大小和价格往往是成正比的。

如果你喜好的不限于在春季蓬勃生长的球根，夏花和秋花的球根种类也是极多的，包括各种葱属植物、大丽花、唐菖蒲、番红花、秋水仙和纳丽花。适当的时候进行种植，就不会失望。

小型植物

通常来讲，种在花盆里的小型植物确实比地栽的活得更久一些，因为这些植物在花园中很快就会被遮盖。我指的主要是珍奇的高山植物，因为资深爱好者和植物园都用专门的温室来种植它们，而一般的园艺爱好者可能很难为其找到安身之所。在更强健的植物的围剿下，我已经失去了很多小型植物，因此我现在只约束自己种好赤陶盆和水槽中的少数品种。把这些植物种在花盆里意味着你不需要双手捧持或双膝跪地就能欣赏到它们，而且也可以满足它们的个体需求。

较容易买到的高山植物并不难种植，对于园艺新手而言较为友好，如果用排水良好的土壤进行盆栽，它们也会活得更久。不过，叶片肉质的露薇花、垫状的虎耳草等植物，如果土壤太湿就会变得衰弱，因此施肥或追肥时要拌入砾石。

密集的地被植物会迅速覆盖小花盆的表面，比如形似蕨类的异柱菊、开蓝色花的铜锤玉带草、像苔藓一样的藓菊、芳香的果香菊和匍匐的百里香（如叶具绵毛的绵叶百里香）。我倾向于把它们种在宽大于高的容器中，以凸显它们的习性，实现花叶协调。

通常来讲，尽管小型植物都喜欢相似的生长条件并具有适中的生长速度，可以非常成功地组合在一个花盆（或石槽）中，但最好将它们分盆独栽。

给小巧的红金梅草施以酸性肥料，提供温暖、阳光充足的环境，冬季时保持干燥，它们狭窄的具毛叶片就会在夏季长成浓密的矮丛，并开出各种粉红色调的星形花朵。大概除了秋季开花的龙胆，我想不出更华丽的小型植物了，但这种植物需要特定的条件才可以繁衍生息。虽然它们相当难种，但比起种在专门准备的土地上，在施有杜鹃花肥的花盆里进行种植要成功得多。不过，它们的喇叭状花朵美丽绝伦、花色亮眼。下一次你遇到龙胆的时候，请俯视它的花喉！

当然，也可以考虑种植灌木状的低矮常绿植物，比如垫状的长阶花、芳香怡人的绢毛瑞香，生长较慢的小型针叶树，以及所有具有彩色叶片的欧石南属和帚石南属植物。

详见第29页的"调高位置"和第76页的"桌面盆栽"。

一年生植物、二年生植物以及细弱的多年生植物

许多夏季盆栽的主体是广义的"露台植物"，包括半耐寒的一年生植物和细弱或半耐寒的多年生植物。这两类植物以前可供选择的种类少之又少，但如今的情况大有不同。我所种的第一个夏季组合盆栽里只包含倒挂金钟、老鹳草以及少数蔓生的观叶植物，随后出现了匍匐状的矮牵牛，植物种类的大闸也突然打开了。双距花、骨子菊、龙面花等珍稀的南非植物使育种家们废寝忘食地进行培育，不断推出新的改良品种，以符合人们的各种审美，这些植物的花色和大小差异更大。

雏菊形花的木茼蒿和骨子菊都可以形成多花的灌木，最好单独种在花盆里并定期摘除残花，以求整洁。骨子菊可以提供一些惊人的几乎闪闪发亮的花色和近乎金属般的光泽，说它们在阳光下光彩照人一点也不夸张。舞春牵牛（矮牵牛和小巧的匍匐状舞春花的杂交品种）也拥有诱人的色调。其他一定要种的植物包括奇特的萼距花'鱼雷'，蓝如龙胆的琉璃繁缕、匍匐的银色马蹄金、叶片茂密的五彩苏、番薯，以及不断开花的小巧的通奶草。

说到耐寒的一年生植物，可少不了向日葵，因为它们能带给人超乎寻常的喜悦而且长势喜人，还有许多低矮品种可供选择。我常常在其下方种上矮牵牛、金盏花和热闹的荷包豆'赫斯提'。你可以在纸上或生物降解纤维花盆中进行播种，也可以直接露地种植。不管是划分区块还是随机混合，其他容易打理的耐寒一年生植物最好直接播种，包括矢车菊、金盏花、飞燕草、旱金莲和黑种草。不过要记住，以下植物和强健的半耐寒一年生植物种在一起的时候往往没法整个夏季都开花，包括矮牵牛、金盏花、六倍利、烟草、万寿菊、秋英、金光菊和四季秋海棠。

到了春季，可以选用桂竹香、翠菊，当然还有三色堇和堇菜之类的二年生植物搭配风信子、水仙和郁金香等球根植物，不过我通常会用花色不甚亮眼、叶片茂密的多年生植物来衬托球根植物。秋季和冬季最珍贵的就是半耐寒的迷你仙客来，但是它们会遭受低温影响，而且容易受潮，所以要用开口的套膜把它们盖起来。

❶ 骨子菊

❷ 齿叶龙面花'彩色纸屑'

❸ 天竺葵'红白烟花'（烟花系列）

❹ 秋英'黄花'

❺ 蓝矢车菊

❻ 勋章菊'阿帕切'

❼ 舞春花'双重柠檬'（小有名气系列）

购买植物

挑选季节植物的时候要选株型紧凑、分枝较多、外貌健康的植物，不要选细弱不堪、植株发黄的品种。选园景植物的时候要选挂蕾的而不是处于盛花期的，如果可以的话，就把根团小心翼翼地提出花盆，检查根系的状态。理想情况下，植物应当会沿着花盆发根，把堆肥抱持在一起，但不会形成厚厚的一团，因此，你是几乎看不到任何堆肥的。

一年生的藤本植物

如果没有这类善解人意的植物，我的夏季盆栽一定会失色不少，因此我不得不依靠它们。它们中大部分品种都极易栽培，甚至只需要寥寥几株就能给人留下印象。我每年都会大量种植好几个品种，包括盆栽和地栽，把它们当作临时幕布。这些植物一季可以爬到2米多高，打造出其他一年生植物无法实现的紧凑、翠绿且明亮的区域。其中很多植物蔓生和攀缘同样在行，因此可在多层展陈中大显身手，而且它们全都不必占据太多地面空间就能展现出垂直感，因此在小型花园中格外受欢迎。

通过卷须或螺旋状茎干等进行攀缘的植物都需要某种形式的爬架，这些攀爬架既有隐藏式的，也有可用作观赏的。多数情况下，我喜欢至少能看到些许框架的攀爬架，因为它可以和植物形成对比或互相衬托。潜在攀爬架包括其他植物（藤本植物会缠到大灌木和小乔木上）、墙上的电线、棚架或精美的金属方尖碑。由柔韧的柳条和榛木、桦木或酸橙树的枝条搭成的独立棚架既简易又便宜，还具有很强的吸引力。我也会用回收来的碎钢筋（特别是扭转的和卷曲的）、铜管或混凝土加固网来搭建攀爬架，后者一旦出现一层锈蚀便会具有建筑特点，且更有吸引力。

严格地讲，许多被我们定义为"一年生"的藤本植物实际上是细弱的多年生植物，比如花量极大的山牵牛和艳丽的电灯花，它们或许能在温室里越冬。在合适的条件下，它们就会迅速生长，一旦根系长全，填满花盆，许多种类就会在盛夏时大爆发。按我的经验来说，如果限制它们的根系，多数植物的花会开得更好更多（有一些则需要些时间才能自由开花）。按其最终大小的比例，我倾向于将其种在直径40厘米的中型花盆里，每周施一次水溶肥，维持它们在夏季的后半段和入秋时的状态，直到多数植物可以自给自足为止。

金雀旱金莲、牵牛花、金鱼花和红衣藤都是我必须要种的藤本植物。后者最好种成环状或沿水平方向种植，让其造型独特的"铃铛"自由自在地舞动。我花园中的年度亮点是与宽敞容器里的荷包豆一同爬上高大而健壮的榛树茎干的葫芦科植物。不计其数的组合在脑海中浮现，但金鱼花和山牵牛的搭配总是能拔得头筹。其他的种植建议详见第80页的"速生的藤本植物"。

种植贴士

许多一年生植物很容易籽播，并且一旦发芽就会迅速蔓延，盛夏时可以长到2米多高。在生物降解花盆、硬纸板或报纸里播种大颗的种子，不仅移栽时可以避免伤根，还可以减少塑料的使用。

可食用植物

就算重点不是为了种来食用，许多可食用的植物也值得一看。因为许多可食用的植物和纯观赏的植物具有同等的美感，而且只要你不种有毒的、具有刺激性的植物，把丰产植物和纯观赏植物混植可以使你同时成功地欣赏到它们。无论你看重什么，盆栽植物都可以更方便地调控栽培状况。通常来讲，结果的植物在没有根系竞争时的表现更好，辣椒、甜椒、茄子和番茄更是如此。我通常把它们单独种植或者把相同的品种种成一组放在一起，用粗麻袋和绳子套住塑料盆。

无论是否可用于烹调，多数香草都是盆栽植物中的"香饽饽"。所有百里香的品种都完美地合乎要求，而且我每年都会种许多不同品种的罗勒——它们的味道和样子极为多变。长势良好的皱叶欧芹看上去像是微缩的盆景，因此，为了获得更好的园景效果，我每年都尽早种植，这样就不会错过任何美景。迷迭香可以在放有排水性良好的堆肥的花盆里苗壮生长，而且可以提供叶片有香味的小枝，年初开花。

冬季，甜菜给你的花盆和餐盘带去了艳色的茎干；嫩叶可做沙拉，老叶的烹调方法则类似菠菜。冬季的另一个可靠选择是皱叶的羽衣甘蓝。荷包豆和豌豆为陈展提供了高度（而且豌豆苗很美味），但两者也有更适合与低矮的菜豆一起种在花盆里的品种。西葫芦棱角分明，让人过目难忘，除了果实，它大而艳丽的花（或者花蕾）也是享负盛名的食品。其他花可食用的植物还包括北葱、金盏花、琉璃苣、旱金莲和堇菜。

胡萝卜（如果不是用深底盆来种的话，圆头的最好）、小萝卜、可做沙拉的嫩叶和东方的绿叶蔬菜与木箱和木托盘十分匹配。装食物的易拉罐则很适合用来种垂吊的番茄和辣椒。一般来讲，大多数蔬菜都需要定期浇水才会有连续不断的高质量收成，但它们同样不喜欢太涝，所以要确保任何变换用途的容器都能自如地排水。

嫁接在矮化砧木上的果树也可以成功变为盆栽，尽管不能指望它们会大丰收，但即使只收获一点点亲自种植的水果也能得到心满意足的感觉，因此值得为之付出任何努力。尽管苹果、李和樱桃与其他花树一样吸引人，但随着季节推移，多数果树看上去都会有些许乱糟糟的感觉，所以我会确保为它们搭配一些一年生的藤本植物和其他吸引人的植物。喜酸的蓝莓是为数不多能结果的盆栽果树，如果有两个品种同时开花的话，可以进行交叉授粉，不过自花授粉的收成会更好。

① 琉璃苣

② 糙毛番马飑（拇指西瓜）

③ 番茄'红吊垂汤姆'

④ 蓝莓

⑤ 开花的南瓜属植物

⑥ 荷包豆'赫斯提'

⑦ 茄'罗莎娜宝贝'

⑧ 胡萝卜'回旋曲'

⑨ 甜菜

⑩ 食用和观赏皆可的辣椒

挑选合适的花盆

任何能够容纳栽培基质、排水自如的中空物体都是潜在的花盆。回收利用和改换用途的种种可能让人浮想联翩，我们能买到的专用容器的种类多到令人咋舌。手工制造业的迅猛发展拓宽了美观、耐用、低价花盆的选择范围。

外观往往是选择花盆时的首要考虑因素，花盆的种类可以全面满足各种需求。久而久之，我收集了各种材料制成的花盆，其中有很多件都是无比珍贵、不可替代的。虽然因风化和年代久远而镀上铜绿的花盆饶有韵味，但我故意让大多数花盆显得相当朴素。其棱角分明的造型和接地气的设计使它们可以毫不违和地放在许多截然不同的背景中。大小和比例也是选购花盆的重要标准。在宽阔的铺面石上放一堆小花盆可以带来些许冲击力，而一个或多个更大的花盆的存在感更为真实。寸土之地不必只用等比缩小的花盆来填充，放置大型的雕塑花盆也可以大放异彩。

当空间极度逼仄的时候，比如屋顶或阳台花园，明智的做法是选择恰好可以首尾相连的正方形或长方形花盆。对于屋顶花园而言，如果你常常改换花盆的话，重量也是一个考虑因素，还要考虑你有多少打理时间。大型花盆里的土壤干得比较慢，便于打理。大量购买小型花盆是行不通的，除非你有很多时间进行打理，或者用它们来种耐旱植物。还要考虑重新栽种植物时清空花盆的难易度：从口小腹大的花盆中移除根长满盆的灌木是一件富有挑战性的事情，因此用这些花盆来种植短期植物会更好。

用特定材料制成的花盆通常要价颇高，但你也可以低价获得它们。我有一部分花盆是在获得许可的前提下从回收车里救回来的。不过，优质的定制容器是一项精明的投资，幸运的话将终身受益。

第130页图　你可以买到各种不同造型、大小各异的花盆，而且它们的风格和材质都在不断地丰富。货比三家，选购最符合自己品位、也最适合自己花园的花盆。

选哪种花盆好呢？

赤陶

几百年来，园艺种植者们都一致认同万能的、从地下挖出来的黏土是最广泛用于制作观赏花盆的材料。花盆多变的颜色和漆光取决于制作它们的黏土的产地、工艺和类型，而这种多变性正是陶器的众多魅力之一。"赤陶"（terracotta）一词在意大利文中意为"烧硬的泥土"，到目前为止，这种红褐色的黏土在户外使用中最受欢迎，也最耐风蚀。它的暖色调可以和任何植物完美搭配。

花店中所售的大部分赤陶盆都是低成本的模塑制品，但也有出自匠人之手的制品。尽管相对贵一点，但它们本身就是奇珍异宝和视觉焦点。我自己有一些独特的黏土花盆在买到手之后就没再见过市售，因此我非常爱护它们。由于黏土有近乎无限种造型、大小和风格——从华丽浪漫型到实用朴素型——每一处户外空间都必然能找到与之对应的赤陶盆。因此，赤陶容器似乎向来都是花园中的大热门，在视觉上最可靠，也最容易搭配。我也最常使用赤陶盆，而且每当我要安置新买的珍贵植物时，第一选择都是赤陶盆。我至少有60%的花盆是赤陶盆。

风化的、地衣斑斑的赤陶盆充满特色，用得其所时美感十足。陶器的老化率取决于它的硬度、烧制方法及漆工：较粗糙的铸件表面通常变形更快。按我的经验来讲，加快这个过程最有效的方法是不管种不种植物都把它们填满堆肥并保持湿润。即使不用来种植植物，把小型的陶盆排成一列或堆在一起也具有艺术感，或者填进其他材料，比如鹅卵石或松果。

赤陶盆的实用优点之一是其多孔性可使植物根部有足够的氧气以维持健康快速的生长，并有助于调节温度，使根部系统在夏季保持凉爽，在冬季保持适度温暖。不好的地方在于相比由非渗透性材料制成的花盆而言，堆肥在多孔的花盆中干得更快，可以将用过的堆肥袋垫在花盆侧面。

个人品位会严重影响购买行为，若负担得起的话一定要买品质最好的赤陶盆，还要检查它们是否能抗霜。放在易冻区的廉价花盆很少能撑得过它们的第一个户外之冬，而经过高温烧制的花盆应当可以无限期地用下去。我走了不少弯路才明白购买廉价花盆是一种假节约，它们很容易因为气候等原因而损坏。

第132页图 赤陶是最广泛用于制作观赏花盆的材料，也已经有上百年的使用历史。所有植物和赤陶盆进行组合时都会魅力大增。

好看的外观

　　容器的美感在冬季时会变得更显眼，因为它们不会像在夏季时那样被长势旺盛的植物遮盖。选择外观出挑的花盆，你实现惹眼美景的目标就成功了一半。

　　我一般推荐使用直径 40 厘米以上的花盆来搭建冬季景观。这是因为堆肥量越大，冻结的可能性就越小。根部和堆肥结了冰，植物就不能锁住水分，如果这一情况长期持续，植物就会每况愈下。这种情况对于常绿植物的影响尤为严重，因为它们无法代偿从叶片中持续流失的水分。你也可以使用小花盆，但要种上最健壮的植物，把它们摆在遮蔽物最多的地方，用其他的大型植物来保护它们。

原木

　　原木易于加工，而且对环境友好（当来源合法时），是一种外观千变万化的百搭材料，可以实现统一感，也可以变得轻松和自然。典雅、带有尖顶装饰的"凡尔赛式"（或称"意大利风"）木箱极为庄重，通常对称并排摆放在宽阔的入口处，并种上修剪过的树木。大容量、富有乡土气息的木质酒桶则简陋得多。体量最大的酒桶是小型乔木和灌木的归宿。两者我都不喜欢，但我有几个靠谱的木箱，经常用来反复种植，而且摆在最优越的位置。尽管环保的花园原木漆可以快速地改造较旧的物品，但比起整洁的刷漆，我更喜欢风化的涂层。

　　原木花盆的主要优点之一是可以定制（或自制），以适应不同场景。由刨光的硬木制成的箱子小巧又时髦，但是把它们固定好位置，作为整体设计的特色才是最适宜的，因为它们不总是易于重新放置。用回收的门板、地板以及剥落了的外涂层拼凑成的水槽符合破旧别致的美学，而用银色或其他颜色上漆的木材则流露出一股海边的感觉。无论你用的是简易的木板、还带着树皮的原木段，还是厚厚的枕木，都可以很方便地制成抬高苗床的种植容器。

右上图　竹筒在展示小型植物和蔓生植物时可以大显身手，也可以摆成俏皮的角度。

右下图　旧木箱可用于展示混植的应季植物，包括蔬菜和香草。

木质容器的显著缺点是它们寿命有限，而且需要养护。定期使用不伤植物的木材防腐剂或油漆可以延长它们的寿命，用聚乙烯甚至丁基橡胶做衬亦可，但要确保钻好大量的排水孔。

金属

不管是废弃的、压扁的、折叠的还是焊接的，金属质地的容器为园艺种植者们提供了多种多样的独特选择，有些很轻薄，有些则坚固耐用而且很重。装饰性的铅制花盆、铜制汽锅和废铁制成的瓮践行了传统，还有耐用的农具和工业用具，包括动物食槽和镀锌水箱。

把当代的金属容器用来种植室内绿植比种花效果更好。不锈钢和铝的反光性质将会长期留存，因而适宜置于阴暗的角落里。镀锌的钢会降为柔和的灰色，放在任何景观中都很合适。由于氧化作用，许多其他金属的魅力会随着时间的推移而增加，比如铜表面的铜绿以及铁锈。考顿钢（或称"耐候钢"）拥有与赤陶一样的温暖色调，其表面可在暴露于空气的数天内生成锈层，起到保护作用。便捷可得的带粉末涂层的锌制容器价格低廉，也很轻便。我的经验表明它们会在数年内生锈而且不够结实，不能长期种植生长旺盛的竹类或常绿植物。

金属比其他材质更易使植物根部承受极端温度。在酷暑或全日照时，它们会快速升温，对脆弱的根造成潜在损害并使堆肥脱水。用地毯边角料或麻布袋（尽管只能维持一季）给内壁加衬可以缓解该问题。金属在冬季可以起到些许防霜作用。

左上图　考顿钢暴露于空气中数天后会生成保护性的锈层。

左下图　金属制成的容器风格各异，从复古风格到超现代风格都有。

天然石头、再造石以及混凝土

由粗糙的天然石块雕成的容器让人过目不忘，并且持久耐用。它们在大型背景中显得宏伟壮观，只可惜多数花园都难以驾驭。但是，当再造石（尤其是混凝土）制造出无数更便宜的替代品时谁还需要石头呢？真正的旧石槽备受追捧，是小巧的高山植物的完美家园。它们也可以用椰棕（椰子纤维）、沙子和水泥的混合物模拟出来，这种材料称为"超石灰"。

得益于洁净的外观和高端的漆饰，混凝土花盆越来越受欢迎。一些加固的混凝土容器和碎片材质类似，而且这种材料可以打造成其他别致的产品。抛光过的混凝土有着吸引人的表面，在现代和传统的背景里看起来都不错。

美观、富有触感、抛光的大理石花盆和花岗岩花盆适合简朴的植物和背景，但价格不菲。这两种材料也有替代品：你可以买到灰色、粉红色、绿色和白色等颜色的水磨石（由置于树脂中的石头碎渣组成，并且经过抛光，可实现花岗岩般的外观）。它们也有各种各样的形状，如球形。水磨石是一种耐磨的大理石替代品，而且价格相对低廉。它们干净、光滑的线条与当代的花园尤为相符。

由石头和混凝土制成的容器十分耐用，但重量是它们的硬伤，即使最小的样品移动起来也可能有些费力。慎重地摆放好它们，才不需要经常移动，或根本无须调换位置！

釉面容器

表面覆有装饰性釉料的陶盆永远是热销商品。它们价值出众，生产量大（故成本低廉）且耐候性强（所以寿命长）。它们还有着比任何用于制作手工容器的材料都宽泛的颜色范围，是名副其实的惊人调色板。和赤陶、木材以及金属不同，它们的外观不会改变或褪色（尽管釉料本身可能会开裂）而且方便擦拭，是讨厌铜绿或地衣的人的理想之选。

右上图　时髦的混凝土容器往往有着美观的几何结构。

右下图　耐用的釉面容器有各种各样的颜色和漆料。

我有很多拥有了30年及以上的釉面花盆，而且我仍然喜爱它们。我极力主张在挑选时一定要留意颜色，因为某些明亮的色调在组盆时太晃眼了。由于存在潜在的撞色，这些花盆在选择可种植的植物和可使用的场合时都会有所限制。双色和多色釉料的花盆在未种植的情况下看起来很好，一旦种上植物后，不但无法增色，反而可能会分散注意力。单色在视觉上最保险，而中性色调能为植物提供更好的背景，也最容易搭配。我使用时间最长的花盆都是绿色或褐色的。浅色是点亮荫蔽处的好办法，而特别深色的饰面看起来很阴暗，必须与合适的植物精心组合，放在明亮的位置才会奏效。

由于釉料封堵了容器表面的孔隙，里面的介质不像无釉陶器中的干得那么快，用硅石将其底部堵起来可以把它们变成保水的利器。

即兴容器

各种物品都可以用来栽种植物。搜寻不太可能的容器作为植物之家十分考验我们的创造力、想象力，既有趣又让人满足。其中一个最吸引人的地方是，无论是循环利用、回收利用还是改换用途，即兴容器往往是免费或低价的。有一些可能需要改造和增加排水孔，有一些则已经填了堆肥，种了植物。水桶、垃圾桶、炊具、食品锡罐、喷壶、茶壶、漏勺、板条箱、浴盆、马桶、水箱、旧靴子甚至是金属或塑料管的残料，都可以成功改造成葱葱郁郁、花开似锦的盆栽。有些容器，比如柳条篮子、金属罐，可能只能使用一两季，而有些容器长期服役，如锡盆、垃圾桶都能以新角色用上许多年。

古董的金属物件，包括铜水壶（它们挂在树上的样子有趣极了）和黄铜制成的煤斗能以意外的低价拍得，同样可以拍到的还有废弃农具，比如食槽和镀锌桶。用于运输铺面石、做工粗糙的木箱很适合种植乔木。细心观察，一定会有收获！

左上图和左下图　大型或小型的循环利用的锡罐是植物们新奇且价廉的家。如果加以好好打理，它们在完全生锈前可以用好几个季节。

仿制材料与合成材料

对于大多数人而言，吸引人的铅制或铜制容器贵得令人望而却步。所幸如今市面上有由人造材料（加上做旧处理）制成的惟妙惟肖的仿制品，比如玻璃纤维或树脂。种上植物后，真品和仿制品便难以区分，我有几个人造的铅盆已经忠实地服务了二十几年。仿铅制品独树一帜又散发着传统气息，摆放在现代背景中毫不违和，这可能是它们的颜色和方方正正的几何样式所致。玻璃纤维是非渗透性材料，用它制成的容器常常缺少预先钻好的排水孔，因此，它们可以马上变成吸引人的迷你池塘。因为轻便，玻璃纤维容器很适合阳台使用。尽管它们不受气候影响而且耐用，但是表面容易被剐蹭，所以要把它们放在不容易碰到的地方。一些廉价的花盆不太信得过，而且也并非真的适合种华丽的植物，所以只买那些让你觉得能以假乱真的花盆即可。

近年来，消费需求推动了对环境更为友好的材料的诞生，比如纤维黏土，这是一种黏土和木浆的混合物。它可以用模具制成任意的形状，能模拟从板岩到耐候钢的几乎所有材料，而且用这种材料制成的容器价格不高。相较于玻璃纤维，纤维黏土更重，因此非常坚固，但也同样容易磨损，如果掉到地上会摔碎。尽管随着技术的发展，它的使用寿命变长了，但以我的经验来看，纤维黏土容器的使用寿命依旧有限（只能用几年），所以不能完全指望它们。而纤维石，一种含有石粉的材料，平均使用寿命是前者的两倍。

塑料与遮盖物

塑料容器坚固、价廉、耐用、质轻，从这些方面来说，它们是一类令人满意且实用的物品。当外观非主要目的，比如单纯用于种植的时候，选用这种非渗透性的材料是很明智的做法，特别是比起其他大多数材料，它们还可以放缓堆肥的干燥速度。出于环保和审美考虑，塑料对人们的吸引力并不大，而且人们日益被鼓励在花园和其他地方限制塑料的使用。塑料制造商们试图用它来模拟原木、石头和赤陶，但这些制品往往比塑料本身更加粗糙。其实，这种材料在许多花园中确实有用武之地，甚至可以用来观赏。钻好排水孔后，塑料浅盆就会变成适合孩子们的花盆，特别是这些花盆有众多明亮的颜色和不同的大小，且质量很轻便于移动。考虑到重量或经济问题，塑料容器有时候是唯一选择。

那些带把手的大型黑色塑料盆，比如苗圃里用来种园景树的盆，是小乔木和灌木宽敞的家，比起同等容量的赤陶盆、金属盆或木盆，它们

黑色的塑料盆与循环利用

如果不是塑料花盆，我们可能就享受不到一年内随时都能买到各种大小的茂盛植物这一巨大的现代化便利了。植物的根需要避光才能良好地生长，事实证明黑色的塑料盆最为合适。在过去的几十年中，黑色塑料盆已达几十亿个，但是循环利用它们的机会少之又少，从而造成了严重的环境污染问题。我的棚屋和库房里堆满了旧塑料盆，让人寸步难行。手工制造商们致力寻找替代品，因为其他更为友好的材料要么太贵，要么太脆弱。如今，苗圃业的先驱们正转向设计更易于循环利用的灰褐色花盆，这些花盆在试验中也能种出高质量的植物。

更容易四处搬动。摆在它们周围的小花盆或包围它们的成捆芦苇、柳条或竹枝幕帘可以把它们遮起来。稍小的塑料容器有许多掩盖方法，可以缠上绳子或裹进粗麻袋中，也可以把它们放在木箱里面。为了方便移除，塑料盆也可用于栽种临时植物并将它们放入更多装饰性容器中。

各种富有创造力又便宜的方法都可以遮盖好用、质轻的塑料盆。包括用瓦板、薄的铺面石或一定长度的回收木料（比如地板）粘贴起来，把花盆单独或成批装箱。

左上图　在填充了卵石、中央留空的铁丝篮中放入塑料花盆，遮挡装饰的同时还可以随意更换。

左下图　图中4片严丝合缝的黏土瓦片构成了一个别具一格的花盆。把它们稳当地放在水平面上，简单捆扎一下即可，也方便拆卸。

做细致的准备和些许常规打理，从耐寒的禾草到细弱的藤本植物，所有植物都能在花盆中变得精彩绝伦，图示为山牵牛、箱根草和狼尾草的随性组合。

取得种植的成功

填充容器

手机和相机可以帮助我们轻松地给任何东西在任何地方拍照。我现在养成了在完成种植后以及在植物的生长阶段中抓拍的习惯。回顾照片可以清楚看到某些植物在一个季节里长了多少。若干个绿色的小不点很快就会长成抓人眼球、令人惊叹不已的大片色块。在乏味的冬日里，浏览抓拍的照片十分振奋人心，当你为即将到来的生长季做创造性计划时，它们就是无价之宝。照片是有用的提醒，种得成功的植物可以再种一次，不太如意的种类则可以在将来进行微调。我拍照留存了许多值得重复栽种的盆栽组合，但是试验并尝试新的植物组合是盆栽种植永远令人陶醉的原因之一。

让种有植物的容器充满生机的常规方法包括按部就班的准备、高质量的组合搭配以及悉心的后续打理。盆栽不难也不玄妙，一旦你掌握了基本规律，更为高深的方面就可以融会贯通。盆栽不用你做太复杂的事情。最简单的盆栽只需要一株植物、一个大小合适的花盆，以及新鲜的土肥，当然，还要加上一点点你的时间。我是这样开始进行盆栽的：一株红色的杜鹃、一个装饰性的塑料盆和一包杜鹃花肥。更复杂一点的盆栽是根据栽培需求和生长速率将能够共生的植物组合在一个花盆中，还要在美感上互相协调。种下植物后，就要按其需要进行浇水，偶尔进行施肥和修整。

凑齐所有需要的东西后，马上就能享受盆栽的巨大乐趣了。尽管预期可能会因种植时间的长短而有出入，但实际的盆栽方法是一样的，这与容器的大小、外观或材质无关，和你所种植的植物种类也无关。唯一重要的可变内容是植物的数量和布局。本章涵盖了盆栽种植的实用面，旨在帮助你了解所种植物需要什么，从而使其蓬勃生长，并帮助你打造一个充分发挥植物悦人潜力的盆栽。

堆肥

植物通过基质吸收其所需的全部水分和营养来维持健康的生长，因此使用合适的盆栽堆肥大有神益。理想的堆肥状态是大颗粒肥料与更为粗糙的材料混合，形成充满气体且排水自如的开放结构底肥，最好还要有优秀的锁水（及营养）能力。基质的质量取决于它们的原料以及均衡的配比。

填充了堆肥的花盆是一个人为环境，泥土中所有复杂的生态活动和微观活动在该环境中都大大减少甚至缺失，当然，这种活动的缺失有好也有坏。购买时，盆栽堆肥中没有微生物和无脊椎动物，包含有限的营养和微量元素，因此这些东西必须手动补充。从好的方面来说，经过处理的堆肥应当去除潜在的病虫害，这就是不建议在花盆中重复使用花园土壤（除非灭过菌）的原因，而且混合特种堆肥远比改造土壤的固有性质轻松。

专门的种植基质基本分为两组：土基（壤土）的和无土的。堆肥的主要成分是灭过菌的土壤加上砾石和沙子，模拟的是肥沃的花园土壤。不过，堆肥很重（虽然这很适合用来平衡头重脚轻的植物，比如乔木），而且容易硬结，妨碍浇水。基于这些原因，我从来不使用土基堆肥。

无土堆肥质量相对较轻而且松散，但是，如果不加入加湿剂（有时包含在专门的混合物中）或保湿颗粒（详见第154页的"浇水"），等其完全干透就很难重新润湿。我倾向于在单季盆栽中使用无土堆肥。从长远来看，我会把专用的无土堆肥和靠谱的土基产品混合在一起，其效果要远远优于单独使用的。每种堆肥的比例视植物而定。由于无土堆肥降解的速度更快，带土的堆肥能更好地锁住营养，我把增加了壤土量的堆肥施给打算多年种在同一个容器中的植物，但增加的量永远不会超过50%。我也会重复利用用过的堆肥——不是把它们和新鲜堆肥混合，就是在更大的容器中加入少半的量——这样做没有坏处，而且不会藏匿害虫（比如葡萄黑耳喙象的幼虫）或病菌（比如霉菌病）。

定制堆肥

成品肥通常都是多功能肥料（也称"通用肥料"或"全能肥料"），价格高、分量小。多功能堆肥很容易根据特定植物进行定制，你可以低成本分别买入原料，把它们混合在一起。加入树皮屑或珍珠岩可以改善土壤结构和透气性；加入砾石有助排水；还有很多可用作乔木、灌木等植物的辅助肥。进行盆栽的时候还可以用上辅助浇水手段（详见第154页的"浇水"）。

在这个重视环保的年代，尽管泥炭是珍贵的不可再生资源，但多数无土堆肥仍旧含有高比例的泥炭。部分原因是在广泛进行试验的替代品中没有找到百分百能替换的东西。在此情况下，许多公司都折中地推出了"低泥炭"产品。

目前市售的不含泥炭的堆肥（以壤土为底的堆肥除外）都是由混合有机材料构成的。它们可能包括椰棕（椰子纤维）、经过处理的树皮、木屑等。其中也可能加入少量的无机材料，比如砾石、珍珠岩（轻质而多孔的火山玻璃）或矿物棉。即使有了椰棕等可以长期使用的泥炭替代品，堆肥生产者们仍需不断追寻更多的本土材料。

我最近开始使用一种成品多用途堆肥，而且发现它的应用前景广泛。这种堆肥由精树皮、木头纤维和椰棕，再加上壤土和肥料混合而成，受到了英国皇家园艺学会的肯定，同时适用于多数植物。主要的例外是喜酸的杜鹃及其近缘植物，这些植物需要施以杜鹃花肥。

要不要放碎瓦片呢？

最近有试验表明，在容器底部加一层碎瓦片（破花盆的碎片）等粗糙材料的传统做法并不像人们之前所相信的那样特别有助于排水。我有很长一段时间拿不定主意要不要使用碎瓦片，因为它们会堵住一开始的排水孔（导致积涝），也给蛞蝓、鼠妇和葡萄黑耳喙象的成虫提供了藏身之所。不过，多数更大的花盆的排水孔更宽，数量更多，如果不采取某些封闭措施，每次浇水都难免会冲刷掉一些堆肥。把一些稍大的碎瓦片有技巧地叠在每个排水孔上是我所知道的最佳解决办法。因此，用不用碎瓦片其实是一种个人判断和个人偏好。我曾经在堆肥下面放了赤陶碎片，但现在我把它们弄成更小的碎片，用来铺面。它们尖锐的边缘阻碍了蜗牛，但在搬动盆栽的时候要多加小心。

乔木和灌木

当我们在花盆中种植乔木、灌木和其他相对长寿的植物时，通常都打算养许多年。这些植物单独种植比成群种在同一个容器中要好（如果它们长得很慢，一个品种可能就要多种一些），因为你可能还会想种其他植物。为了让它们能长久生存，请在进行盆栽前参考下列永不过时的准则。

首先，仔细挑选花盆——确保它完好无损（我曾经有一个花盆在种完植物后立马就破了）、大小合适。寿命最长的植物需要宽敞的容器，因为人们不希望经常给大型的园景植物换盆，否则，除了伤到植物或毁坏花盆，没法顺利换盆。我只有少数灌木种在非常大的花盆中不用变动，大部分灌木在生长过程中都至少换过一次盆。除了需要考虑植物的耐受度和生长速度，在选购花盆时，对花盆的大小没有普遍的规定。对于大花盆而言，尽管一开始它们看上去可能有点大材小用，但是把速生的灌木种进去之后就合情合理了。山茶和杜鹃等根系发达的植物在一大盆堆肥中可能会变得蔫巴巴的，因此，这些植物需要选用比它们原来的花盆大2~3倍的花盆。这样才能让花盆和植物达到视觉上的平衡。

持续的吸引力

即使只用寥寥数种盆栽，也能极轻易地包揽全年的吸引力。长期放置的成批常绿植物和其他可以跨季的有趣植物会形成稳定的景致，当中还可以加入一些应季的一年生植物。当一种特定的季节植物凋谢后，可以轻松地进行移除和替换，从而使景色时刻保持最佳状态，也让你一整年都兴致勃勃。你可以按季节或自己的计划扩大或缩小规模。就算偶尔没有应季盆栽，经过精挑细选的永久性植物也会保有吸引力。

钻排水孔

盆托

装点花盆

　　给花盆铺面或者用一层松散的有机材料覆盖堆肥表面是装饰花盆的主要手段。实际上，铺面也有助于保水，使根和堆肥维持更低的温度，在炎热的天气里减少蒸发。因为铺面材料阻挡了光线，因此也可以防止杂草发芽，即使发了芽也更容易拔除。装饰性的铺面主要用于乔木、灌木等植物，不然这些植物的土表就会是毫无吸引力的模样。在生长周期较短的盆栽中，植物本身常常就会长成覆盖物。要想获得协调美观的外观，就要选择与植物和花盆互补的覆盖材料——卵石和板岩碎片一般都卓有成效。尽管矿化秸秆不是最美的，但是这种市售材料可以非常有效地控制杂草，而且在驱除蛞蝓和蜗牛方面也有一定的作用。不过铺面也有一个硬伤，因为看不到或不容易看

到堆肥表面，所以更难判断浇水时间。如果你还是一位园艺新手，建议要么完全不弄铺面，要么只给几株重要的植物铺面。

　　其次，永远不要把植物种在没有排水孔的花盆里，选择拥有单个中央大孔（直径大小30毫米）或有好几个小孔（直径大于8毫米）的花盆，也可以用适合该花盆材料的钻头钻几个小孔。把花盆倒过来，采取一切必要的安全预防措施，防止花盆损坏或自己受伤。理想情况下，还应该将花盆稍微抬离地面，以使地面与花盆之间留出空隙，这样可以排掉多余的水分。可以使用盆托、扁石、砖块或木块抬高花盆。就地种植的大型盆栽要谨慎挑选摆放位置，定植之后这些植物就很难搬动了。

　　最后，如果你用的是带孔的容器，比如赤陶盆，当它们摆在露天或非常晒的地方时，栽培基质好的话干燥速度会更快。减少水分流失的方法之一是在花盆里套上旧堆肥袋，这样做也能在换盆的时候更轻松地把植物取出来。

　　现在一切的种植工作都准备就绪啦！

左图　悉心照料、生长缓慢的欧洲赤松'蓝色教堂'可以在中等大小的花盆里生息数年，而后才需要换到更大的盆中或移植到露地栽培。

夏季藤本植物盆栽

对于一些可能只能存活数月的短期或季节性展示盆栽，你可以将多种类似的植物混种在一起，打造出一幅充满生机的画面。这些植物本身就可以成为风景线，也可以与其他生命周期更长的植物进行组盆，构成更多样化、更平衡的画面。此处我种的是山牵牛和金鱼花：两者都是速生的藤本植物，通常当作一年生植物来种（详见第80~81页）。

❶ 排水自如的堆肥对植物的健康生长尤为关键，因此要确保花盆底部有足够的排水孔。堆肥积涝的时候，根系可能会受损，植物的生长也会受影响。在底部随意放些碎赤陶片或稍扁的石头可以防止堆肥渗水。

❷ 大花盆最好就地种植，但体积较小、便携的花盆最好放在更为荫蔽的地方，之后再移进大而显眼的花盆里。开始填充堆肥后，一边填充一边轻轻地将其压实。不要压得太实，因为这样会挤掉空气并且阻碍根部生长。如果使用小型植物则将堆肥填充到距离花盆顶部15厘米以内。根据所种植物的大小，也可以适量增加或铲走一些堆肥。多数成品堆肥只有4~6周的肥力，肥力过后可以在浇水时使用可溶肥或液体肥，也可以在种植时往堆肥里加入颗粒状的缓释肥（详见第156页的"施肥"）。同时，根据包装袋上的推荐比例混入保水颗粒，它们会像凝胶一样吸水膨大，并在必要时释放水分（详见第154页的"浇水"）。

❸ 虽然市面上有很多精美绝伦的装饰攀爬架，但它们多数时候都被遮住，所以我通常选择榛木、桦木或酸橙树的枝条（要是没有这些材料的话，就用竹竿）搭成的简易棚架作为攀肥架。一个直径50厘米的花盆用五六根枝

条沿着盆缘围成圈。如果想要更多方向的攀爬架，可以加上更纤细的枝条或在水平方向编结柔软的茎干。

④ 聚拢枝条顶部，并用黄麻纤维或酒椰纤维将其捆扎固定。当使用的是竹竿时，用细绳将其紧紧地缠绕起来，直到它变成一个美观的球体，作为装饰性的点睛之笔。这项工作需要一定耗时，但这些时间和精力都花得很值。

⑤ 提前给所有的盆栽植物浇水，不要让它们干株下盆。交替排列两种藤本植物，当它们长得尤为浓密或互相缠结时，需把根部理顺，使其快速伸展到新鲜的堆肥中。填入更多的堆肥，使完成后的土表大致位于盆边下缘5厘米的位置。不要填得太多，因为这样会阻碍水流向下渗至根部。稍微压实堆肥后再浇透水。

⑥ 把缠结的茎干解开，牵引到爬架上，必要时也可以用黄麻纤维或酒椰纤维将其轻轻地捆起来，或者用香豌豆套环把它们套牢。随后，它们多数就会自己蜿蜒向上，我们只要稍做引导即可。

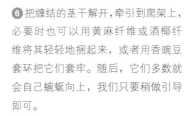

香草盆栽

你可以有计划地在不到1平方米的空间里填满精选过的香草植物。它们外形悦目、香味扑鼻，还可以满足味蕾。多数香草长势迅速，种在一起的时候不仅会争抢营养和水分，长势稍弱的还会被健壮的种类淘汰。因此，香草应当各自种在大小不同、高度各异的赤陶盆中，再放进更大的容器里，一个老旧的浴缸就很合适。将其放在全日照的位置，它可以在春季和夏季稳定提供新鲜的香芹、鼠尾草、迷迭香、北葱、芫荽、罗勒以及各种各样的百里香。百里香是香草花园的主角，它们是既美观又不难照顾的小型植物，甚至许多花叶的品种也可以用于烹调，比如开粉红色花的百里香'银斑'。

❶ 一开始并不打算用作花盆的容器通常都没有排水孔，所以要在底部钻几个直径至少 1 厘米的孔，再把花盆放在大块的扁石、砖块或盆托上，以便排掉多余的水分。将一株香草种在一个赤陶盆里，让它们有充足的生长空间。可以的话，在底部放少许碎瓦片或赤陶碎片，防止堆肥流失。

❷ 迷迭香、百里香和鼠尾草等多种香草都原产于地中海地区，因此需要全日照的环境和排水自如的泥土。将园艺用的砾石和标准的多功能堆肥混合既能增加透气性，也有助于排水。少量的缓释肥就可以提供一个生长季所需的营养。

❸ 多数香草都极易发芽，因而把生长过快的植物换掉也不会很贵，比如百里香和薄荷都很容易分株。百里香要小剪小修，薄荷却可以大刀阔斧地修剪，然后再把它们从花盆里移出去。分株时要仔细——先一分为二，再细分成更小的植株。给薄荷分株可能要用到小刀。

❹ 分株后，把健壮、根系良好的薄荷或百里香植株种回原来的花盆里，将其他的部分留作备用。和迷迭香、鼠尾草、神香草一样，扦插的百里香也很容易成活。香芹、罗勒和芫荽要在春季和初夏时播种。盆栽时，可在土表铺满砾石，用来装饰和震慑蛞蝓。

❺ 由于盆栽的植物不会扎根到浴缸里，因此可以把浴缸底部 1/3 的空间用其他轻质材料填满，以便节省堆肥和减轻重量。然后在放入香草盆栽之前适量添加堆肥至浴缸中。将花盆摆得高低有致，以营造出怡人的景观。

保持香草的完美状态

比起独栽，把香草种在一起最方便的地方在于你可以迅速地把呈现疲态或疯长的种类换掉，保持该处处于最佳状态。你可以将取出来的植物分株或换盆，然后把恰当的植物种进去或者从苗圃或园艺中心添置新植物。你也可以对浇水进行调节，根据植物的缺水程度加减水量。定期采摘香草除了能为菜肴添香，还可以保持植物干净利落、外观优美。

打理盆栽植物

　　地栽植物和盆栽植物不同，前者站稳脚、长大后可以自给自足，而盆栽植物就像是宠物，基本的"吃喝"需求全仰仗主人。如果你接纳这种心态，就会走上正确的道路。

　　除了基础的浇水和施肥工作，根据植物种类和习性的不同，可能还需要进行修剪、整姿、换盆、防寒处理，偶尔还需要与病虫害做斗争。

　　选择长势不太旺盛、抗病，或适应性强、耐寒的"懒人植物"可能会降低所需的打理强度。除非你时间充裕、心态强大，否则如果所需的维护太多以致你沦为植物的附庸，就没法实现目标了。尤其是在春季，爆买植物或疯狂播种都轻而易举，但随后你只会发现自己根本没法合理照料这么多植物，时间一长就很难在种植大量的迷人植物和打理少数植物之间找到满意的平衡。真正打理好若干盆栽比种一大堆缺乏关注的植物更有意义。我学到一个策略，把少数不需要费心维护的植物分为一组，更为耗费力气的植物只种一两盆，这样就可以专心照看后者，又可以享受到一幅完整且富有变化的画面。

　　接下来的几页会介绍有关后续打理的几个关键方面，当中有不少方法，对于维持植物健康、美观都很重要。对我来说，摘除枯花、修剪植株和检查植株的健康状态也是一种园艺享受，而且我发现这些劳动有修身养性的作用。

浇水

浇水是养护盆栽的一个重要工作，繁重又零碎，是躲不过的。植物在缺水的时候一定会尽力挣扎，但长时间缺水真的会让它们遭受灭顶之灾。植物的种类决定了它们能在干燥的堆肥中存活的时间，要是基质很干的话，长势非常萎靡的一年生植物几天之内就会毙命，而许多耐寒的灌木和乔木会苦撑数周甚至数月。一些多年生植物和球根植物会休眠，等供水后就会恢复原状。但我们的目标当然是不为难植物，在它们需要水的时候就浇水。对于盆栽植物，浇水过度和浇水不足都是家常便饭，因此关键在于掌握浇水的方式和时间。虽然谈不上有多复杂，但是同样费时，而且即使对于老练的园艺种植者来说，有时候也很难判断植物是否需要浇水。如果你从容应对，没有盆栽过多之虞，那么浇水就是一件既治愈又放松的事情。

一旦清除根部，种在泥土里的植物就不需要人工浇水了（极端情况除外），因为它们的根部拥有找水的能力。盆栽压制了这种能力，尤其是当堆肥表面完全被遮盖住时，只有足量的雨水才有润透堆肥的魔力。在凉爽天气下的荫蔽处或者植物生长不活跃时，堆肥不会迅速变干。但是在炎热、刮风的时候，摆放在朝南阳台上种有一年生植物的盆栽至少一天要浇2次水。夏季，在一天中更为凉爽的时段浇水可以减少水分蒸发。

积累了一定的种植经验，你就能一眼看出植物是缺水还是水浇得太多——虽然两者的主要症状都是萎蔫。最简单的判断方法是将手指头伸进堆肥里检查湿润度。如果盆栽不是特别大，就把花盆提起来，感受重量，这也是一个简单的测试含水量的方法。堆肥的表面干燥不一定意味着深层也是如此，因此在日常检查中使用这两种方法进行检测有助于判断植物是否需要浇水。

右上图　一场阵雨可能会让它们精神振奋，但除非是一场持续的倾盆大雨，否则都不太可能到达植物的根部，所以通常仍然需要手动浇水。这些植物浓密的树冠超出了花盆的宽度。

右下图　如果你有很多盆栽，选择自动滴灌方式是很有必要的。

节水贴士

- 从每一个能接触到的表面收集尽可能多的雨水。有些出色的集雨系统不会浪费一滴雨水。

- 在炎热的夏季，要随处放一些装有水的水壶，以便随时对萎蔫的植物进行急救。

- 重新润湿完全干透的小盆栽最快的方法是把它们浸入装有水的大桶中，直到不再冒出泡泡为止。也可以把它们浸在盛有水的托盘里，让它们缓过来。

- 浇水可以缓慢但要彻底。快速的水流很可能从边缘一泻而出，不能完全渗透到需要水的根部。

- 如果你不能经常浇水，种植的时候可以加入储水凝胶，以便让植物根部吸收到充足的水分。

- 通常大型盆栽除非根系十分拥挤，否则浇水频率要低于小型盆栽。

- 可将特别缺水的植物放在盛有水的碟子或托盘里。堆肥可以将水分吸收上去并传递给根部，但不要让它们一直泡在水里。

谈到浇水的方式，首先需要明确吸水的部位是根，因此浇水要有效地对准根部方向，不要浇在植物的其他部位上。浇透水才能让堆肥湿透。在表面洒水可能只能润湿表面。堆肥不能总是湿答答的，因为这会导致烂根，所以不要随意浇水。所有的容器底部都必须有排水孔。当水开始从排水孔缓缓流出时，浇水工作就大功告成了。

当你给很多大花盆浇水的时候，最好使用水管。我很少用喷嘴，因为它们用力太猛，难以直接对准堆肥。我习惯不将水压全开，因为使用流速缓慢的水能确保它往深处渗透。如果只有若干盆栽需要浇水（并非所有盆栽的干燥速率都是一样的），我就会用浇水壶——我准备了两三个浇水壶并且事先装满了雨水。通常来说，将浇水壶末端的莲蓬头取下来会更容易浇水，也减少浪费。一个例外的情况是，当你给刚种好的盆栽浇水时，多余甚至溢出来的水有助于固定植物，且不会冲刷掉任何堆肥。浇水壶优于水管的地方在于你可以更容易地测量出浇水量。我有一些较大的花盆每次都需要浇两三壶（20~30升）水：每浇完一壶水后会留几分钟的浸透时间再浇下一壶。最有保障的浇水方法就是不急不躁、有条不紊。

如果你的时间有限，还有几个可以降低手动浇水强度的方法。如果你有许多大花盆，那么滴灌系统特别有用。该系统包括一个主水管和许多数量不等的分支小水管，这些小水管的喷嘴不是喷洒式的，而是滴水式或渗透式的。它们可以用计时器来自动控制，你要是有事走开的话，它们会帮上大忙。储水凝胶是一种类似糖分的补充剂，在水中可以膨大为自身的400倍，种植的时候可以将其与堆肥混合。注意不要超过建议水量，因为过多的水会使基质一直潮湿，幼株难以生根。

施肥

和所有生物一样，植物也需要养分和水才能繁荣生长。多数多功能堆肥只有4~6周的肥力，而且可能会因为频繁浇水而流失得更快。因此，盆栽植物会变得缺乏营养，需要施肥。成品肥料包含不同比例的营养元素，如氮、磷、钾以及极少量的其他元素，如锰、铁和镁。专用肥料会以"氮-磷-钾"的字样标出这三种大量元素的占比。每种元素在某一产品中的含量取决于它的用途。氮是叶片健康的关键，磷有助于根部发育，钾则有助于孕育花朵和果实，同时增强植物整体的适应力和活力。举个例子，番茄肥料的钾含量相对较高，这就是多数园艺种植者都用它来助长开花植物的原因。自制的聚合草茶液也富含钾，只花大概6周时间就可以轻松制成，而且百分百是有机肥。荨麻和琉璃苣制成的肥料含氮更多。（颗粒状的）鸡粪是另外一种优秀的含氮原料，液态的海藻提取物是植物的灵丹妙药，可以全面促进植物生长，同时也是许多有机和无机通用肥料的原料。

上图　缓释肥能帮上大忙，可以在种植的时候将其和堆肥混合，或者一年播撒一次。随着颗粒缓慢溶解，植物在生长季里可以保持数月的饱肥状态。

我更喜欢用矿物质或见效快的人造化合物构成的混合肥，并依靠它们来协助维持季节性植物迅速生长，使它们能通过相对较小的根系长成一大片并开出大量花朵。这些肥料都是液体或粉末状浓缩物，应按照制造商的说明进行稀释或溶解。

目前最不费力的施肥方法是种植的时候加入控释肥，尽管它们也是无机的。当堆肥的温度和水分都相当高的时候，这些肥料会在整个生长季里逐渐释放养分，而当天气变得更冷，植物不那么活跃的时候，它的释放速度就会放慢。它们也可以在春季的时候用作顶肥，滋养生命周期较长的植物。

摘除枯花、修剪与清理

上图 去除多数一年生植物和细弱的多年生植物的枯花（图中的是骨子菊）可以使植物保持整洁并催生新的花芽。

上图 剪除老旧或受损的叶片可以使植物保持最佳状态并降低患霉菌病的风险。

盆栽在我们的花园中往往占据重要的位置，因此尽可能保持它们处于最佳状态的意义颇大。养护的要点以及关键的浇水和施肥等工作都会因为植物种类的不同而不同。除了清除枯枝败叶和拔掉杂草，生命周期较长的乔木和灌木可能只需要相对较少的日常打理。有些植物修剪一下会更好，让它们保持整洁，不会太乱，常绿植物偶尔需要摇晃一下，助其脱掉较老的泛黄叶片。

多姿多彩的盆栽常常要投入更多精力来养护，夏季种有花量巨大的一年生植物和较细弱的多年生植物的盆栽更是如此。定期摘除枯花不仅是一种美化手段，也会促使某些植物拥有更长的花期，推迟它们结籽的时间。有些较新的杂交品种是不育的（尽管它们还是会产出花蜜），而且它们会为了徒劳无功的繁衍不知疲倦地开花。对于天竺葵和秋海棠等植物来说，如果任由花朵在植株上腐烂，尤其是在潮湿的天气里，可能会腐败并滋生真菌疾病。因此，当你发现受损、染病和被吃掉一部分的叶片时要将其摘除，遇到枯死或孱弱的茎干和枝条也要剪除。如果你投入精力，经常进行小修小剪，会发现这是一项令人倍感满意的活动。通常来讲，凋零的花朵应该连同花茎一起掐掉，但特定的植物则需要去除整个花序或花穗。堇菜、矮牵牛等植物的枯花用手就能摘掉，而包括大丽花和月季在内的其他植物则要用到修枝剪。如果在花后勤加修剪，老鹳草、黄水枝和蓝珠草等各种不经常开花的耐寒性多年生植物会用大量的新鲜叶片来回报你。长势特别旺盛的植物也需要塑形和修剪，让同一个花盆中长势较弱的植物也有生长的机会，掐掉顶芽可以促使它们生出更多侧枝。

不过，并非所有植物都渴望得到如此细致的管理。多数禾草、耐寒性多年生植物和一年生植物凋零的样子独具一格、美观别致（详见第96页），把它们留下来可以作为冬季的景致观赏，同时可以在寒冷季节为鸟类提供食物，为昆虫提供庇护。

换盆与剪根

当植物满盆长根时就不能正常生长了，因为相对于根的数量而言，基质不足以维持水分或营养。满盆长根的迹象包括生长缓慢、叶片泛黄、嫩枝容易萎蔫，以及根从排水孔往外长。多数人此时都倾向于给大型的植物换盆，尽可能长时间地避免该情况。但由于重量、价格和其他原因，把植物移入更大的花盆里不总是切合实际的做法。所幸多数灌木和乔木在进行合理的剪根后都大有起色，从而不用增加花盆的大小就能让植物获得新生。如果你打算每隔几年就剪一次根，就有可能会让许多植物的大小得以控制，而且可以在同一个花盆里种很长时间。

满盆长根的大型灌木很耐修剪，修剪的时候要浇透水使堆肥软化并倾斜花盆，这样才能更好地抓牢它们。把伸出排水孔的根剪除，必要的时候向下插入刀片把根部弄松。种植的时候用旧堆肥袋给花盆加衬会让你有可以提拉的东西，也可以防止根条紧贴在粗糙的花盆内壁上。把植物种回同一个花盆时要理顺根条并抖掉大部分旧基质。用手指把根团弄松并用一股激流冲刷掉残余的泥土。最多可以剪除30%的根，但我们的目标是剪掉少数根须，而不是对整个根团下手，因为这样会剪掉所有重要的细根。稍微剪除顶芽来代偿被剪掉的根往往也是明智的做法。换盆要使用全新的基质，不时轻拍盆壁有助于基质填充到根系里面（如果你用的基质不太湿，就更容易操作），最后浇透水以固定基质。一般来说要保持植物的种植高度和之前一样——不要想着埋得更深。

长势过旺的多年生植物，比如玉簪、蓼、老鹳草和矾根都很容易换盆，春季把它们倒出来进行分株，再把一部分最健康的小株用新鲜的堆肥种回同一个花盆里即可。

上图　包括鸡爪槭在内的许多灌木每隔几年就要换盆。换盆时，需要谨慎剪根并填充新鲜的堆肥。

冬季保暖

如果户外种植了一些冬季不够耐寒的植物，必须对其采取某种防寒防湿的措施。有些植物每年进行养护比替换的成本更高，如细弱的多年生植物。

冬季防护确实是很重要的工作，所以要持续关注天气预报，尤其是夜间温度。我会根据寒冷程度移动盆栽，使它们不会在一夜之间变成光秃的枝干。有些多肉植物和灌木状的细弱多年生植物要移入温室里；有些植物要放进冷床中；大丽花和美人蕉等植物需加以修剪、晾干后放进（防霜的）棚屋或库房里。其他植物可移到一起，用园艺薄膜或袋子把每一个盆栽裹起来。分组堆放时，稍大的盆栽可以在一定程度上保护较小的盆栽，要是天气预报说会出现极端糟糕的天气，可以把这些盆栽裹起来或者移到遮蔽物更多的地方，直到天气变好为止。

花盆的抬升与移动

有些花盆确实非常重，尤其是填充了基质的时候，不借助工具几乎搬不动。因此，我大多数时候都会使用易于移动的花盆，但偶尔有一个重的花盆需要重新摆放时，就会把自己老旧的手推车推出来，它们既好看又实用，但你可以用更合理的价格轻松买到新的。新型手推车可以像担架车那样摊平，事半功倍。用旧毯子把盆壁包起来可以防止花盆受损。还可以使用带轮子的迷你花盆推车。它们并非特别吸引人，但可以在移动大型盆栽时大显身手。

左上图　可以用塑料膜或园艺薄膜把容易冻伤或者长得太大不方便移动的植物盖起来，比如软树蕨。

左下图　我通常使用手推车来移动较重的花盆，而且有时候还会用它来展示盆栽。

是敌是友?

熊蜂

正在'白天鹅'松果菊上采蜜的白钩蛱蝶。

第 160 页图　停在龙面花上的孔雀蛱蝶。

在打理土地的过程中——哪怕只是花盆中的弹丸之地，都有机会帮助许多生物度过艰难的时期，尤其是蜂类、食蚜蝇、蝴蝶以及其他重要的传粉昆虫。尊重自然的互动会带来巨大的愉悦感，我们必须更加注意自己的接触方式。

大部分来花园落脚或造访的动物都是无害的，甚至有些是有益的，对植物造成严重损害的种类只占一小部分。除了个别例外，后者相当容易对付，特别是当你发现得早的时候。因为我们常常近距离地接触盆栽中的植物，所以更容易发现病虫害的入侵。

在小花园中很难实现自然平衡，盆栽的局限性更使其难上加难。如果这些植物主要是为给野生动物种植的话，人们只需要偶尔进行必要的干预即可。一旦被害虫侵袭后，最好的补救措施是杀死不怀好意的害虫，并摘掉受感染的植物部位。我们可以冷静地处理个别害虫的攻击或病虫害大爆发，这也是花园管理的一部分。同时也可以这样想，在我们的眼中许多无脊椎动物可能是害虫，但它们也是食物链的一部分，故我们可以做出适合更多有益生物的"食谱"。理想的做法并不是将这些"害虫"赶尽杀绝，而是要减少或控制它们的数量。动物群和植物群的类别对于生物多样性以及健康环境至关重要，以这种方式满足野心勃勃的掠食者有助于维持局部的生态平衡。

传粉者盆栽

为了给传粉昆虫提供多重选择，确保它们尽可能在花园中到处徘徊，我所种的所有盆栽都把它们考虑在内并且尽力让植物可以跨季生长。想要更多昆虫前来光顾，最好把盆栽摆在略有遮蔽的日照处，种上尽可能长时间连续开花的植物。熊蜂天生喜欢紫色、粉红色和橙色的花朵，蝴蝶也是。繁复过头的重瓣花朵不如单瓣的花朵受欢迎，因为多余的花瓣会让昆虫更难采到花粉和花蜜。如果可以的话，就把花盆摆在一起，增强吸引昆虫的信号。

一些不良分子

葡萄黑象甲幼虫

蚜虫（黑蚜虫）

百合甲虫

葡萄黑象甲

对于园艺者来说，这种头部褐色、身体米白色的甲虫类生物的幼虫最令人讨厌。这些幼虫在堆肥里过冬，晚春时钻出来的时候已经是成虫了。成虫是夜行性的，因此如果你在夜里检查植物的话很有可能会碰上它们。葡萄黑象甲成虫造成的直接伤害比幼虫要小，后者会啃食植物的根部、花冠或块茎实施破坏。你常常会等到植物的顶部完全枯死并与残留在根部的部分分离时才意识到出了问题。葡萄黑象甲幼虫以根部肉质的植物为食，比如矾根、仙客来、多肉植物和秋海棠。要想控制它们，可以在春季或初秋，基质的温度合适时（不低于5℃）网购线虫。

蜗牛（和蛞蝓）

我希望蜗牛没有造成过这么大的损害——如果它们只是一直啃食一整片叶片，而不是在这么多叶子上蚕食出少量看不见的洞该多好！比起往往在近地面处取食的蛞蝓，蜗牛更经常攀爬取食。把植物种在花盆里有一定优势，但如果这些美丽的生物在别处没填饱肚子的话，就会盯上你的植物。蜗牛会狡猾地在植物间爬行以吃到大餐，因而要把更为脆弱的植物单独放置。合理的设障法和控制法有很多，但没有一条单独的办法是见效的，所以要尽可能多管齐下。我尝试过用铜带绑缚花盆，把植物高高吊起，在植物的茎叶上洒大蒜汁等方法，并取得了一定的成功。

蚜虫

吸食汁液的蚜虫（黑蚜虫、绿蚜虫或其他颜色的种类）繁殖得很迅速，特别是在又热又干的情况下。它们会侵害新芽、花蕾以及整株寄主植物的叶背，春、夏两季最为猖獗。吸食汁液会传播病毒，使植物变得虚弱和面目全非。蚜虫还会分泌蜜露，在叶片上形成黑霉。可以用抹布擦拭或手动去除蚜虫，也可喷洒温和的肥皂水予以驱除。蚜虫是瓢虫和草蛉的主要食物来源。多数蚜虫都不会飞，但是如果一株植物上的蚜虫太密集或植物太虚弱，下一代蚜虫就会长出翅膀，向新的寄主迁徙。

蚂蚁

蚂蚁极少在大型盆栽中筑巢，也不一定伤害植物。不过，我遇到过蚂蚁在根部钻出通道，搬走基质并制造出影响植物健康与活力的空隙。如果你发现一株看上去苟延残喘的植物，并且在花盆周围发现蚂蚁，可以把植物倒出来，冲刷掉大多数基质、蚂蚁和虫卵，再用新鲜的土壤进行换盆。

百合甲虫

这些亮橙红色的甲虫专门对百合以及贝母下手，它们会迅速吃掉叶片。不过它们的体色让其容易被发现并一只一只地清除掉。它们从3月末一直出现到秋季。你很少会一次看见很多只，但这些虫子一般会在一两天内变得更多，所以要经常检查植物。如果不小心把它们掸到地上就很难再找到它们了，所以要在植物基部放一些捕虫用的硬纸板。百合甲虫会飞，但它们似乎把这种能力留作底牌。它们通常会在叶背产橙色的卵，体色也接近橙色的幼虫会藏在黑色的烂泥中，把它们刮掉或者摘除整片叶片。

潜叶虫

常见的潜叶虫是多种甲虫、飞蛾的幼虫。它们会钻进叶片间，因而得名。它们会在某些植物上肆虐，包括菊花、木茼蒿和旱金莲。尽管其弯弯曲曲的行迹会在叶面留下褐色或白色的痕迹，使叶片变得难看，但它们不会威胁到植物的健康，摘除受损的叶片即可。

蓟马

这种吸食汁液的虫子肉眼几不可见，它们更倾向于专性寄生某些植物。我曾经对唐菖蒲上的蓟马束手无策——特别是它们还可以在球茎上过冬。如果放任不管，这些虫子会把植物弄得千疮百孔，失去留存的价值。天然的除虫菊杀虫剂、脂肪酸或植物油等有机喷剂可以起到控制效果，但时效不长，需要重复使用才能保持效果。

介壳虫

这些微小的褐色或稻草色的水疱状吸食汁液的虫子会在月桂、柑橘和山茶等常绿灌木的茎干和叶脉处聚成一团。它们分泌的蜜露会滴落在叶片上并形成黑霉——这往往比虫子本身更显眼。少量的介壳虫可以轻松刮掉。严重的时候可剪除受感染的部位，也可以把植物丢掉，免得传染其他植物。

毛毛虫以及其他幼虫

"毛毛虫"一名特指蝶类和蛾类的幼虫，它们很少大面积破坏园艺植物。但也有例外，比如俗称"包心菜粉蝶"的菜粉蝶和欧洲粉蝶，它们专门取食芸薹属植物。我专门为其种了旱金莲，并把散落在其他植物上的虫卵移到旱金莲上。一些蛾类的幼虫会取食某些特定属的植物——毛蕊花冬夜蛾侵食毛蕊花属，黄杨绢野螟是一种喜食黄杨属植物的可怕害虫。叶蜂的幼虫和毛毛虫很像，它们会将寄主植物变得一叶不挂。不过它们同伴只寄生于某些特定属的植物，比如醋栗属、蔷薇属和老鹳草属。

鼠妇

如果抬高花盆，你可能会看到这种灰色的带壳生物聚成一团，尽管它们一受到惊扰就会迅速散开。它们主要摄食残渣并进行有益的清理工作，不过我发现它们有时候会继续啃食已经遭受过蜗牛侵害的玉簪叶片。鼠妇偶尔也会在幼苗里面安家，但极少造成大问题，多数情况下让它们忙自己的事情就可以了。

老鼠和松鼠

春季开花的球根植物是啮齿动物的目标，尤其是番红花和郁金香。我发现对于盆栽植物而言，智取这些动物的有效方法是在花盆边缘下的堆肥中埋铁丝织网。

一些有益分子

蛙

瓢虫的幼虫

草蛉

蛙类、蟾蜍和蝾螈

　　这三种两栖动物是园艺爱好者的助手。欧洲林蛙分布广而且很多花园中都有它们的身影，特别是有池塘的花园。蛙类在夜晚最活跃，冬季时蛰伏在枯叶堆、原木或石堆下面。它们可以捕食小型的蛞蝓、蜗牛和其他无脊椎动物。与蛙类食性相似的蟾蜍通常长得比蛙类要大，皮肤具疣而不光滑，可与后者区分开。蝾螈也主要捕食无脊椎动物。

食蚜蝇

　　食蚜蝇（hoverfly）的英文俗称完美描述了它们的习性：它们常常短暂地悬停（hover）在半空中，在各种各样的花朵中采蜜。多数情况下，食蚜蝇可以轻松降落在宽扁、花心展开的花朵上。乍看之下食蚜蝇长得很像蜂类，但它的眼睛更大，形态也不同于后者，易于区分。这类重要的传粉昆虫里大约有50%的种类的幼虫会大肆捕食蚜虫。

蜂类

　　这类重要的传粉者的种类和数量都大大减少，为我们敲响了警钟。我们应当鼓励蜜蜂飞进花园中并多帮助它们。在一个温暖的盛夏之日，蜜蜂在采集花粉时发出的嗡嗡声是可以想象到的最令人振奋的声音之一。这些蜂类会避开长得太密或者难以穿过的花丛，最吸引它们的花色是黄色、紫色和蓝色。最常见的熊蜂属物种包括地熊蜂、红尾熊蜂和牧场熊蜂。蜜蜂的体型更小，体毛也更少。你可以买一些非常实用的纸质版识别图来帮助自己判断不那么常见的种类。

瓢虫

　　瓢虫的成虫和幼虫都会大量摄食蚜虫。一只瓢虫一生最多可以吃掉5000只蚜虫，因而可能是最好的潜在控制蚜虫的方法之一。

草蛉

　　这种身形瘦弱，看上去弱不禁风的传粉昆虫很少大量出现。它们长着绿色或褐色的身体和透明的翅膀。草蛉的成虫和幼虫均会捕食蚜虫——一只幼虫每周可以吃掉200只蚜虫。

刺猬

　　刺猬通常会躲在树叶堆和木头下面，而且冬季会冬眠，所以要给它们留出清静且不太干净的角落。还要在花园中给它们留进出口，因为晚上它们会到处走动觅食。

甲虫

甲虫通常会出现在泥土中或泥土表面，成虫和幼虫都会摄食蛞蝓和其他无脊椎动物。留出一小块叶堆可以吸引它们到花园中来。

鸟类

鸟类是非常讨喜且极迷人的花园访客。它们忙碌的样子会使人移不开视线，包括啄食蚜虫、毛毛虫以及其他幼虫。几乎每个花园都会有一两只友好的欧亚鸲访客，而且它们习惯一看到大餐就高声鸣叫。我每次挖出葡萄黑象甲的幼虫时都会把它们撒在桌面或小道上：鸟儿很快就会把虫子叼起来，毫不浪费。让除害变成一种美好的体验吧！

蝴蝶与蛾

我把蝴蝶放在这一类是因为它们出现在花园中的身姿令人精神振奋。从生态学上讲，它们是食物链中重要的一环，也是可靠的野生环境健康指示物。它们的传粉效率比不上蜂类和食蚜蝇，但在花丛中穿梭、寻找花蜜时也一定会进行传粉。蛾是重要的夜间传粉者，也是蝙蝠的主要食物，不过也有一些体色鲜艳的蛾是日行性的，比如小豆长喙天蛾和豹灯蛾。

牧场熊蜂与意大利蜂

欧亚鸲

小红蛱蝶

有机的害虫防控

近年来业余种植者滥用化学品的现象越来越少。人造化学品会损害土壤和有益的生物，我们必须最大限度地转向使用有机的防控法，包括动员自然捕食者。瓢虫、草蛉、蛙类、刺猬和鸟类都是控制蚜虫和蛞蝓等害虫的好手。由植物提取物制成的喷剂也是十分有效的有机防控法。

许多病虫害只会在特定条件下才会爆发。比如，你几乎不会在温暖干燥的时候看见蜗牛，但蚜虫会在这时逐步增多。有些病虫害则只在一年中的特定时期发生。百合甲虫的势头在春季和初夏最猛，而葡萄黑象甲的幼虫整个冬季都很活跃。

锈病、霉菌病和叶斑病通常会在特定植物上出现（除非你种的是抗性强的品种）。总的来说，我要么不种这些植物，要么限制它们的数量。一旦患病后，需要摘除受感染的叶片，严重的话，需要扔掉整棵植株。生理失调是罕见病，多是由糟糕的生长条件引起的，比如不稳定的浇水或不稳定的天气。还有缺乏营养引发的病害，比如导致叶片褪色的萎黄病，不过一旦找到了特别缺少的营养物质就可以轻松地治好。

你可以在园艺类的博客和论坛上找到解决问题的方法，也可以用摄影类的应用拍一张昆虫的特写，这样有助于辨别它们。

良好的健康状况

健康、长势良好和勤加养护的植物比孱弱的植物拥有更好的抗性。它们较少患病，也更容易从害虫的侵袭中恢复过来。购买植物时要时刻检查病虫害的征兆和损伤。可以轻轻地拉扯花冠或者把植物倒出来，确认葡萄黑象甲所喜爱的植物的根系是健康的，比如矾根。可以的话，尽量选择抗病性强的品种以及避免种植或限制吸引特定害虫的植物的数量。比如我就只种了几盆百合，因为我的花园里每年都会出现百合甲虫。良好的空气流通、充足的光照以及合理的浇水会有助于植物抵抗疾病。长势萎靡的植物更容易招来蚜虫等吸食汁液的害虫。

有机的害虫快速防控指南

· 吸引有益的生物：种植植物，吸引大范围的多种昆虫，并通过提供藏身之处或栖息地的方式来吸引更大的捕食者（比如给蛙类、蟾蜍和普通蛇蜥准备长管）。

· 手动清除：手动清除或拭去少量的害虫，并摘除患病的叶片，降低进一步传播的风险。

· 物理障碍物和栅栏：有些害虫对特定的材料很敏感（蜗牛和蛞蝓对粗糙的表面敏感），埋在基质下面的铁丝网可以使春季的球根免受松鼠啃食。

· 使用其他障碍物：许多植物油和其他有机物质会利用植物天然的抵抗力来攻击特定的花园害虫。

· 生物防控：土壤线虫和寄生蜂会捕食特定种类的害虫。

· 非化学喷剂：给植物喷水或柔和的肥皂液可以驱逐蚜虫及其近缘物种。大蒜汁可以震慑蛞蝓和蜗牛。

· 伴生植物：某些植物可以吸引肉食性的传粉者，并且通过所具有的刺鼻气味驱赶害虫。例如，百里香芳香的叶子会赶跑黑蚜虫，而金盏花特别吸引食蚜蝇和草蛉。

下图　据说蛞蝓和蜗牛对铜很敏感，可以试试用自粘铜带把蛞蝓喜欢的盆栽（比如玉簪）的边缘围起来，如果结合其他防治方法，比如在叶片和茎干上喷洒含有大蒜的溶液，效果会更好。